社会知识·职业交际能力

主　　编：范德华

副 主 编：韦明体　林　尧　周利兴

编写人员：杨锡山　叶晓梅　黄绍勇

　　　　　秦建敏　费　安　杨叶昆

　　　　　王元安　杨红波

云南大学出版社

图书在版编目（CIP）数据

社会知识·职业交际能力/范德华主编.—昆明：
云南大学出版社，2009
ISBN 978 - 7 - 81112 - 914 - 4

Ⅰ.社… Ⅱ.范… Ⅲ.①生活—知识—青年读物②人际
交往—青年读物 Ⅳ.TS976.3 - 49 C912.1 - 49

中国版本图书馆 CIP 数据核字（2009）第 155083 号

社会知识·职业交际能力

范德华　主编

责任编辑：熊晓霞　段义珍
封面设计：夏雪梅
出版发行：云南大学出版社
印　　装：云南大学出版社印刷厂
开　　本：850mm×1168mm　1/32
印　　张：6
字　　数：150 千
版　　次：2009 年 8 月第 1 版
印　　次：2009 年 8 月第 1 次印刷
书　　号：ISBN 978 - 7 - 81112 - 914 - 4
定　　价：15.00 元

地　　址：昆明市翠湖北路 2 号云南大学英华园内（邮编：650091）
发行电话：0871 - 5033244　5031071
网　　址：http://www.ynup.com
E - mail：market@ynup.com

编写说明

  培养大批高素质的劳动者是全面建设小康社会、实现中华民族伟大复兴的需要，也是中等职业学校光荣而神圣的职责。目前，中职学生社会知识贫乏，社会适应能力和职业适应能力差。本书的编写，旨在通过《社会知识·职业交际能力》的学习，增加学生的社会知识，培养学生适应社会、适应职业的能力，为学生顺利融入社会、融入职业打好基础。

  参加本书编写的人员是：第一讲，秦建敏、王霞；第二讲，费安、周燕；第三讲，惠雷、陈际福；第四讲，王定国、范德华；第五讲，张强、叶晓梅；第六讲，袁秀许、韦明体；第七讲，杨锡山、周利兴；第八讲，张小军。全书由范德华任主编，韦明体、陈际福、周利兴任副主编。本书在编写过程中得到了云南旅游学校领导的大力支持和帮助，在此谨表示诚挚的感谢！同时，在编写中，我们参考了相关的论著和资料，谨向这些著作的作者表示衷心的感谢！

  由于编者水平有限，书中难免存在缺点和不妥之处，恳请读者提出批评意见，以便再版时进一步修改完善。

本书编写组

2009 年 7 月 22 日

目　录

第一讲 日常安全知识

安全，顾名思义，就是人和物有保障，没有危险，不受伤害威胁，没有事故的状态。人类从诞生起，就开始面对安全问题。在古代，人类主要是面对大自然对自身生存所造成的安全的威胁。随着社会的发展、人类的进步，人们对安全问题的认识和需求也在不断发展。今天，人们面临的已不仅仅是人身安全问题，还面临财产安全、社会活动安全等诸多问题。影响人类安全的除了自然因素以外，还有人为因素、社会因素等多种因素，它们均会对人们的安全带来影响。可以说，安全是人类生存、生活和发展最根本的基础，也是社会存在、发展的前提和条件。因此，了解安全知识，树立安全意识，既是个人成长的需要，也是今后立足社会和职场的需要。

基 本 知 识

第一节 食品卫生安全知识

四季豆惹祸：2007 年 12 月 27 日中午，云南省富源县某中学 2 000 多名学生到学校食堂就餐，午后两点多钟，许多学生出现呕吐等不适现象。学校得知情况后立即将学生送往医院检查，经诊断确认，学生系食用未炒熟的四季豆中毒。该次事件中，共有 81 名学生不同程度中毒，还好学校发现抢救及时，未造成学生伤亡。经教育部门调查，该学校食堂是承包给私人经营，当天确实做了四季豆这道菜，可能由于四季豆太多而部分四季豆没有炒熟，致使部分食用的学生中毒。由于该次事故中毒学生众多且发生于元旦前夕，影响极坏，教育部门责令该学校关闭了食堂，进行整改。

同学们思考一下：该校对食堂承包人的管理和监督是否到位？该校食堂对食物原料的选材和饭菜的加工是否科学？青年学生应如何树立食品卫生安全意识，防止病从口入？

一、饮食安全的预防

防止食物中毒，最根本的是要加强预防，只要加强防患意识，食物中毒是可以预防的。

1. 严格管理

卫生行政管理部门和工商行政管理部门等要严格对餐饮业经营者和食品加工企业进行卫生监督管理，保证餐饮业和食品加工业卫生达标。而食品加工企业和餐饮经营者也要加强安全意识，严格内部卫生管理工作，保证食品安全卫生，这是预防食物中毒的根本方法。通过严格的管理，便可以从源头上防止有毒、变质食品流入市场，有效防止食物中毒。

作为负责学生餐饮的学校食堂，尤其要加强安全防范意识，严格管理制度，保证食堂从业人员身体健康，有相关部门颁发的卫生合格证；严格学校食堂原料采购管理，保证有毒、变质原料不进学校食堂；严格执行卫生检查制度，保证环境卫生合格，食品不过期变质，工作人员讲卫生。

2. 养成良好的饮食习惯

很多食物中毒是由不良的饮食习惯引起的，养成良好的卫生、饮食习惯是主动防止食物中毒的有效方法。青年学生要养成良好的饮食卫生习惯：进食前要洗手；尽量避免生食食品，如要生食应洗净、去皮，保证食品卫生；少食或不吃易中毒的食品，如野生菌、河豚、四季豆等。此外，一些食品食用过量也易引起食物中毒，要尽量少吃，如木薯、杏仁、白果、鲜黄花菜等，如一定要食用这些食品，一定要科学加工，科学食用。

3. 严格食品烹调加工程序

严格按科学的方法进行食品烹调加工，是有效防止食物中毒的预防方法，在食品加工过程中，首先要做到认真清洗，去除有毒物质，如发芽土豆，只要严格去皮、削去牙眼，便可加工食用；其次要做到严格加热，熟食食品必须保证充分的温度和时间进行加热，做到烧熟煮透，一些有毒食品经过严格加热，炒熟煮透后是可以食用的，如四季豆、蘑菇等；对冷冻食品要做到"完全解冻、立即烹饪"。

4. 科学保存食品

食物食品要科学贮存。贮存时间不宜过长，防止食品变质，有保质期的食品要严格在保质期内食用；贮存方法要科学，严格按要求贮存，生熟食物分开存放，不与有毒物质混放，防止食物污染。

5. 严格消毒

严格消毒，是保证餐饮工具清洁、环境卫生清洁的重要方法。对餐饮器具，要洗净消毒，保证卫生。对食堂、饭店等餐饮环境，要时常进行消毒，及时处理垃圾，消除老鼠、苍蝇、蟑螂等害虫，保证卫生。

二、食物中毒危机应对方法

发生食物中毒事件，要积极科学应对，按照有效、快速原则进行处理。

（1）作为政府和学校等单位，应建立《食品安全卫生事件应急预案》等快速反应机制，一旦发生食物中毒事件，能及时启动，快速反应，及时进行救治，有效降低危害程度。

（2）作为个人，发生食物中毒后，不可乱服药物。应及时就医或报 120 进行救治。而最重要的是尽量留取食物样本，保留呕吐物、排泄物，以便医疗机构能及时掌握引起食物中毒的原因，及时有效地进行救治。

案 例

2004 年 11 月，云南省武定县某小学发生食物中毒事件，导致 30 余名学生不同程度中毒。经查，中毒系学生饮用的牛奶卫生不达标所致。

教师提示

> ➤ 向师生提供的食物要把好进货关，从正规的信誉好的厂家和销售商进货，保证食品安全。
> ➤ 学校对外承包的食堂，应在承包合同中约定禁止承包人向学生出售四季豆、野生菌等易造成食物中毒的食品。
> ➤ 学生应该了解，食堂大锅菜容易发生加工不熟的情况，对四季豆、野生菌以及色、味不正常的食品不要购买食用。
> ➤ 不要随意在路边的小摊点就餐，防止"病从口入"。

第二节　交通安全知识

交通的发展，极大地推动了社会的进步，特别是汽车的问世，给人们的出行带来了极大的方便，但也给人们的安全带来了极大的威胁。据统计，自汽车问世以来，全世界已有 4 000 多万人死于交通事故，这一死亡人数远超过第一次世界大战死亡人数，相当于第二次世界大战的死亡人数。至于因交通事故致伤、致残者，更是不计其数。在我国，交通事故发生率也极高。据统计，我国交通事故死亡人数自21世纪以来年年超过10万人，居世界第一位，交通安全形势十分严峻。

2008年6月，云南某中专学校学生违反交通规则，违章骑自行车横穿学校门口公路，被疾驰而来的出租车撞飞，幸而没造成严重伤害。事后经调查，该学校门口有人行天桥，但众多学生和其他行人几乎不走人行天桥，该处已发生多起交通事故。同学们思考一下：该生是否具有交通安全意识？青年学生应该怎样遵守交通安全规则？

一、交通安全，重在预防

交通事故重在预防，只要积极预防，就能减少交通事故。

1. 安全行走

行人在街道马路上行走，应遵守交通安全规则：安全行走，按交通信号的指示通行，按交警指挥通行；行人要走人行道，没有人行道的要靠边行走；走路时思想要集中，不可在路上追逐嬉戏，不可边走路边看书报；走路时要注意观察路面和周围情况，保证安全行走；过马路要走人行横道、人行天桥或地下通道，不要图近便翻越护栏，没有人行横道的要在保证安全情况下方可通过；走路时遇有人打招呼不可突然停止，要到安全地方再回应；过马路时在安全情况下要直行快速通过，不要停下，不要拣东西、系鞋带等；不要在道路上使用滑板、旱冰鞋等滑行工具；不得扒车、强行拦车、追车、抛击车辆；雨天、雾天、雪天、黑夜行走要极为小心，防止摔倒，防止掉进路中水坑，防止掉进水沟、窨井洞，尽量远离行驶中的机动车，尽量不要在雨天、夜间、雪天、雾天行走山路，如必须行走要约伙伴，走熟悉的路；不要在河道内行走；不要在铁路上玩耍、行走；不要在高速公路上行走、拾荒；不要穿越高速公路；不要在铁路、高速公路旁放牧，等等。

2. 安全骑车

自行车（电动车）是大众常用出行工具，但要注意骑车安全，防止交通事故：不骑有故障的自行车特别是刹车不灵的自行车上路；骑自行车应走非机动车道，不要在机动车道、人行道上骑车；在混行道上骑车要靠右边骑行；不在公路上学骑自行车；不在马路上进行自行车表演、比赛，不在马路上骑车追逐、嬉闹；不能逞强飞车骑行，不得在路上快速穿行；不要单手骑车、脱手骑车，不要手扒机动车借力骑行；骑车过马路要下车推行或走过街天桥、地下通道，不能与机动车抢行；在雨天、雪天、夜间、雾天骑车，如不能保证安全，要下车推行；遇有对面车灯眩目，应下车推行或停止，等待对面车通过后再骑行；骑车转弯时要伸手示意；骑车下陡坡要能保证安全，否则下车推行；不得在禁止骑车的路段骑车；骑自行车不准带人，不拉载过重或体积过大、过长的物品；不给自行车加装动力系统；不购买使用超标准电动自行车；不在高速公路上骑车，等等。

3. 安全驾车

遵章驾驶机动车、文明驾驶机动车，能有效防止交通事故。机动车要随时检查保养，保证不带病上路；不超速驾驶，不酒后驾车，不疲劳驾车，连续行车不得超过四小时；不违章超载；不违章超车；不违章占用车道行车，不乱变换车道行车；弯道山路减速行驶，不强行超车；文明行车，不乱鸣号，不乱用车灯信号，不抢行，过积水路减速慢行，过人行道要减速慢行，遇交通堵塞要顺序通行，不乱停乱放；要有良好的驾驶习惯，不猛踩油门、不猛踩刹车、不猛打方向；驾车时要集中精力，注意观察路况和各种警示标志；不闯红灯，不抢过铁路道口，不在铁道口停车；下长坡要停车检查制动系统；跑长途要全面检查车辆；实习驾车要遵守实习期规定，不在公路上练车，等等。

一旦发生交通事故，不得逃逸，要及时报警，若有人员伤亡，要及时施救。发生轻微交通事故要互相谅解，使用快速解决方法解决，不得长时间堵塞交通。驾驶人员都经过急救知识培训，一旦发生有人员伤亡的交通事故，要充分利用急救知识科学抢救伤员并及时报警急救。

二、乘车安全注意事项

外出乘车，一定要注意安全：

1. 不乘坐不安全的交通工具

外出乘车，应选乘安全的、证照齐全的交通工具，不要乘坐黑车等非法营运车辆，不要乘坐农用车、拖拉机，不要乘坐货车车厢。

2. 遵守乘车规定，文明乘车、安全乘车

外出乘车，应遵守乘车规定，文明乘车、安全乘车。按顺序上下车，车未停稳，不急着上下车；不在不准停车的地方拦公共车、长途客车和出租车；不携带易燃、易爆、有毒危险品乘车；乘车中有安全带的要系好安全带；乘车中头手不伸出窗外；不跳车，不向车外吐痰、扔杂物；乘车时不影响驾驶员安全驾驶，不得催促驾驶员；下车要从右边下，下车后要迅速离开机动车道，上人行道，下车后不可在机动车道穿行；乘车中发现驾驶员违章操作，或发现易燃、易爆危险品上车，应予以制止，不能制止的应换乘其他车辆；未满12周岁的少年儿童不得乘坐摩托车；乘坐摩托车要戴好头盔，做好自我保护；选择乘坐火车外出要注意在站台候车时退在一米线以外，以免受伤，上下火车要听从乘务员的安排，不得从窗口上下车，乘火车打开水一定要注意安全，防止烫伤；乘车过程中不要高声喧闹，以免引起乘客间纠纷；乘车过程中要看管好财物，以防丢失；要注意防骗，以防上当；汽车行驶过程中不要在车厢内走动，以防摔伤；乘坐公共车手要抓牢，以防摔伤；长途汽车行驶中要方便应选择有卫生设施的休息地域停车，如需在野外下车，一定要注意安全。

3. 乘车途中发生交通事故要加强自我保护

在乘车途中，如发生交通事故，一是要冷静对待，加强自我保护。当发生交通事故时应尽量伏低身体，抓牢固定物，并注意保护好头部，尽量减轻伤害。交通事故发生后，若受伤，不能乱动，有时虽没外伤，但有可能出现其他内伤，此时盲目移动可能会加重伤害。因此发生交通事故后要静止不动，等待救治，确定无大伤后才能活动。发生交通事故，无论你感觉多好，也应到医院作全面检查，由于人有一定的耐受力，有的伤不会立即感觉到，如脑血肿，线状裂纹骨折等症状会慢慢表现出来，而且有些会产生严重后果，因此交通事故受伤后，要及时到医院检查以免延误治疗。如果交通事故发生时伴有汽油味，说明油箱损害，车辆可能会发生燃烧乃至爆炸，应尽可能地迅速离开车辆到安全地点。

案 例

违章超速行驶引起事故。2008 年 4 月，云南昆明至楚雄高速公路，发生大货车与大客车追尾相撞，造成特大交通伤亡事故，死亡近 30 人。经调查，交通事故系货车速度过快，追尾客车所致。

相关链接

案例一

2003 年 2 月 26 日晚 11 时，某市程村乡农民李某无证驾驶无牌照的重庆 80 型两轮摩托车，沿某市程阳公路由北向南行驶。他行至该路段 32 公里处时，与迎面驶来的本乡王某驾驶的无牌照黄河 100 型两轮摩托车相撞。事故发生后，并无大碍的李某从地上爬起来，推着自己的摩托车逃离了现场，致使王某失血过多而死亡。后李某被公安机关抓获。经公安交通管理部门认定，李某负本次事故的主要责任，王某负本次事故的次要责任。

《刑法》第一百三十三条规定，违反交通运输管理法规，因而发生重大事故，致人重伤、死亡或者使公私财产遭受重大损失的，处三年以下有期徒刑或者拘役；交通运输肇事后逃逸或者有其他特别恶劣情节的，处三年以上七年以下有期徒刑；因逃逸致人死亡的，处七年以上有期徒刑。本案中，李某在交通肇事后逃逸，致使被害人没有得到及时的救治而死亡，符合因逃逸致人死亡的情形，因此，应对李某处七年以上量刑。

案例二

2009 年 6 月 14 日 2 时许，在淄川区胶王路与泉王路交叉路口处，两辆大型货车相撞，其中一辆大货车逃逸。接到报警的淄川大队事故处理科民警立即赶赴现场。通过勘察现场情况，民警确认肇事逃逸大型货车当时是顺泉王路由北向南行驶至路口处时发生交通事故后逃逸的。民警多次回到现场进行调查走访，寻找线索，最终通过案发地的治安监控锁定了肇事逃逸的大货车车号为 C82 * * *。民警在接下来的侦查工作中发现，该车几易其主，查找难度相当大，最终在 6 月 30 日将该车车主锁定为淄川区昆仑镇的黄某。民警联系到黄某，据黄某称该车当时为其所雇司机淄川区岭子镇黄某驾驶。民警立刻赶到淄川区岭子镇，但未找到黄某本人。经民警多次到黄某家中耐心给其家人做思想工作，7 月 1 日，黄某驾驶肇事逃逸的大货车到淄川大队事故处理科投案自首。

对交通肇事后逃逸的行为公安部于 2001 年 11 月 12 日下发了《关于道路交通事故逃逸案件有关责任认定问题的批复》：发生交通事故后，如果一方当事人逃逸尚未归案，但逃逸当事人的身份等情况已调查清楚的，且不影响公安机关依法作出交通事故责任认定的，公安机关应当依据调查的事实和原因，按照《道路交通事故处理办法》第十七条、十八条、十九条的规定认定交通事故责任。如果当事人具有《道路交通事故处理办法》第二十条、二十一条列举的违法行为，使交通事故责任无法认定，即使当事人逃逸尚未归案，但只要对逃逸当事人的身份情况已经调查清楚的，公安机关就应当依照《道路交通事故处理办法》第二十条、二十一条认定交通事故责任，以免事故处理久拖不决影响其他当事人正常的生产和生活。这里的逃逸当事人的身份情况系指当事人的姓名、家庭住址或者工作单位等可以确定当事人身份的有关情况，不一定要求每一项都调查清楚，但至少应能根据所掌握的资料确定逃逸当事人。

教师提示

> ➤ 无论是行路、骑车还是驾驶，都要坚持"宁慢一分，不抢一秒"的安全原则。
> ➤ 无论是行路、骑车还是驾驶，都要集中精神，不可分心。
> ➤ 为了自己和他人人身安全，务必遵守交通规则，不可有任何侥幸心理。

第三节 生活起居安全知识

生活起居涉及方方面面，既关系到自身的安全、健康，又关系到工作和事业，是初入职者不可忽视的问题。

李丽生性腼腆，不喜欢与外人交谈，但学习勤奋。毕业后在一家合资企业就职，工作环境不错，收入也可观。因此，李丽搬出了单位集体宿舍，在外租了一间出租房。但是，由于事前没有认真考察房屋情况，碍于情面也没有和房东协商好有关问题，更没有查验房屋产权证书，稀里糊涂地就与房东签订了租房合同并预交了三个月的房租 1 200 元。李丽高高兴兴地搬进了"新家"。一个星期后，还未从搬"新家"的喜悦中回过神的李丽，却和另外一个持有房产证的真正房东发生了纠纷。经有关部门介入调查，和李丽签租房合同的"房东"只是真正房东的房客，他把自己租用的房屋高价转租给了李丽，而且提前收取了房租费后逃离，无从查找。在事实面前，李丽悔恨不已，物质上的损失自不必说，但此事对李丽精神上的伤害却久久难以抚平。

同学们思考一下：李丽掌握生活常识吗？如果她了解一些生活常识，纠纷还会发生吗？我们在生活起居中应掌握哪些基本知识？

一、安全用电基本知识

电能源是现代生产、生活的重要条件。安全用电，给人们带来方便，而违章用电，往往带来痛苦和损失。用电事故的发生，基本上是由于缺乏安全用电常识引起的。只要养成良好的安全意识和习惯，用电事故是可以预防的。

1. 学习安全用电知识

青少年同学应多参加安全学习，掌握安全用电的基本知识。

2. 不私拉乱接电线、不违规使用电器

在学校或社会生活中，要遵守相关用电规定，不私拉乱接电线，不盗电，不改线路和保险丝，不违规使用电炉、电老鼠等大功率电器。

3. 养成安全用电习惯

养成良好的安全用电习惯，可以在很大程度上预防用电安全事故。青少年应养成出门随手关电，长时间使用电器要断电休息，除冰箱外，人离开就要关闭所有电器，定期查看线路情况，停电要关闭电器，不超负荷用电等良好用电习惯。

4. 遵守安全用电程序

在使用电器过程中，要严格按说明书进行操作，严格遵守安全用电程序，如先安装再通电，先断电再移动电器，使用合格电工工具，修理电器找专业人员，等等。

5. 远离危险环境

在生活、游玩中，要远离危险环境。例如不在电线附近放风筝，不在电线上晾衣服挂东西，防止树木、藤蔓接触电线，防止易燃易爆物品接触电线，不用石块弹弓打电线和电杆上的鸟，不徒手接触裸露电线，不摇电杆，不到变压器、电动机附近玩耍，不用湿手、湿布擦电灯、开关、插座，发现落地电线要远离并报警。

6. 使用合格电器

在生活中，不贪图便宜购买、使用假冒伪劣的电器、电线、开关、插头插座等。

案 例

私拉乱接，引发火灾。2009 年 3 月，云南某中专学校学生为方便给手机充电，在宿舍私接三个充电插头，由于导线不规则，导致接头处打火引起火灾，使该宿舍设备行李全部被烧毁。

教师提示

➤ 遵章守纪是安全用电的保证。
➤ 良好的用电习惯是安全用电的前提。
➤ 科学用电是安全用电的重要手段。

二、住宿安全知识

外出住宿，也容易发生安全事故，要注意安全防范。

1. 要选择证照齐全的宾馆旅店住宿

外出住宿，要选择证照齐全的宾馆旅店住宿，不可贪图便宜住宿不安全的地方。证照齐全的经营场所一般安全设施较完备，保安工作也有保证，能有效防止安全事故，而一些没有经营资质的黑店，往往没保安机构，无安全设施，甚至有违法犯罪活动，容易发生安全事故。

2. 洁身自好

外出住宿应洁身自好，不要参与色情、赌博活动，以防止人身财产损害。

3. 注意观察住宿地环境

外出住宿，应观察周围环境，如安全通道、紧急出口、消防设施、楼外通道、地形地势等，甚至应注意楼梯台阶数等细小情况，这样，发生安全事故时才能有效应对，降低损害。

4. 保管好财物

外出活动尽量少带贵重物品和现金，如带有贵重物品和大量现金，应在住宿时交由服务台保管，以免被盗。

5. 安全使用住宿设施，文明住宿

外出住宿应安全使用住宿设施，文明住宿，在住宿中不携带易燃、易爆、有毒危险品住宿；不乱用电器，不卧床吸烟，不乱扔烟头，不破坏酒店安全设施。

三、租房安全知识

租房是初入职场的很多年轻人都很难回避的现实问题，也是令人非常棘手的问题：交通便利、安全隐患、和工作单位距离、租金高低、和房东的关系处理等。除非所就业单位能够提供住房或宿舍，否则，就难免要先考虑租房及和房东打交道了。

1. 合理选择房屋，降低生活成本

（1）量入为出，理智选择租房形式。

房租对于刚毕业参加工作的青年学生来讲是一笔不小的必需的开支，而且不像其他的支出费用可以视具体情况作出调整和更改。房屋租金的支付是每月或季度必需的支出。所以初入职场者租房时一定要充分考虑个人每个月的可支配收入，做到"量入为出"。一般来说，每月房屋租金的支出额度应控制在月可支配收入的1/3，否则，就会影响正常生活。在现实条件下，为了达到同时节约开支和提高住房条件的目标，对于许多初入职场者来说"合租"形式应该是一个比较不错的选择。

（2）重点考虑交通状况。

大城市寸土寸金，市中心和繁华地段的房屋租赁价格对于刚涉入职场的毕业生来说是"可望而不可即"。但对于偏远地区，交通不便利又增加了生活成本，而且对工作也难免会有一定影响。所以可以选择在地铁或公车沿线租房。因为在地铁各个方向的端点处房屋租赁价格偏低，而且交通也便利。由于每个人工作地点不同，可以根据具体情况选择房屋。但不可一味追求繁华地段和中心区域，只要交通便利、安全有保障便是比较理想而又现实的选择。

（3）多关注租房细节。

首先，要对房屋进行实地考察，包括户型、采光通风条件、是否安静、周边交通状况、配套设施、安全状况，最重要的是看水电、马桶等日常设施是否良好。必须把所有的家电都试用一遍以检查电源插头是否漏电、煤气是否泄漏等。

其次，在与房东签订租赁合同时，一定要把权利义务分清楚，以免产生不必要的纠纷。房屋租赁合同的主要项目有：房租、水电费、煤气费、电话费、电视收看费等，各项费用如何计算、交纳，房屋设施非人为损坏由谁负责维修保养，如果房东提前终止合同如何赔偿等，以及合同要注明房屋内设备的数量、新旧程度等，越具体越好，不要嫌麻烦，也不要碍于情面什么内容都由房东来定，自己一定要有主见。

最后，毕业生租房以合租形式居多。如果合租对象是自己熟悉的同学或同事，事情还比较容易处理。如果是和不认识的人一起合租，一定要相互留下身份证、工作证等复印件及联系电话，协商好各项费用的分担问题，最好以书面形式明确，以减少不必要的经济纠纷。

2. 租房时应该注意的问题

（1）为房屋"验明正身"。要求房东明示房产证，并查看房产证上产权人与房东身份证是否一致，以此确定房东是否有权出租该房屋。如果房产证上还有其他共有人的名字，则要有另外共有人的书面同意（一定是书面）。

（2）签订书面的房屋租赁合同。在租房时一定要和房东签订书面的租赁合同，以明确双方的权利义务。合同中要对租赁期限、租金数额、支付方式、房屋用途、违约责任等作出规定，以便日后解决纠纷时有据可依。

（3）房屋租赁合同应到房地产登记处办理登记备案手续，否则不能对抗第三人。根据"买卖不破租赁"原则，登记可以确保房屋在租赁期间即使被卖给他人，租房者仍可继续承租。避免房屋因权属发生变化而侵害你的权益。

案 例

毕业于武汉大学的小孙，自7月初前往汉口一家知名企业就职，试用期月薪1 200元。起初，小孙在较为繁华地段租用了一间单身公寓，月租金600元，水电等费用另付，两个月下来，小孙的工资有大半花在了房租费上，给正常生活带来了很大影响。后来，小孙搬进了由另外两名大学同学合租的三室一厅套房，虽不在市中心，但情况完全改观：环境幽雅、交通便利、设施完善，房租分摊下来也不过350元。当然，让小孙觉得兴奋的是可以像大学时代开展每晚的"卧谈会"，下班后的生活一样让人期待，丰富多彩，互有照应。

教师提示

➤ 初入职场者以单位提供的住房为首选。

➤ 租房应考虑合租为上选，节省开支和不必要的消费。

➤ 房屋租赁合同务必要清楚，关键环节和证件一定要亲自查验，以防上当受骗，引起纠纷和造成不必要的损失。

➤ 以下几种房屋不具备出租资格：

- 未依法登记取得房地产权证书或者无其他合法权属证明的；
- 改变房屋用途，依法须经有关部门批准而未经批准的；
- 被鉴定为危险房屋的；
- 法律、法规规定不得出租的其他形式。

四、生活起居规律知识

生活起居养生涉及起居有常、安卧有方、不妄劳作、居处适宜、衣着宜忌及作息规律等内容。

1. 起居要有常

起居有常指日常作息时间的规律化。起居作息要符合自然界阳气消长的规律及人体的生理常规，其中最重要的是昼夜节律，否则，会引起早衰与损寿。古代养生家认为，春夏宜养阳，秋冬宜养阴。因此，春季应"夜卧早起，广步于庭，被发缓形，以使志生"；夏季应"夜卧早起，无厌于日，使志无怒，使华成秀"；秋季应"早卧早起，与鸡俱兴，使志安宁，以缓秋刑"；冬季应"早卧晚起，必待日光，使志若伏若匿，若有私意，若有所得"。

2. 安卧本有方

睡眠是人的一种生理需要。人在睡眠状态下，身体各组织器官大多处于休整状态，气血主要灌注于心、肝、脾、肺、肾五脏，使其得到补充和修复。安卧有方就可以保证人的高质量睡眠，从而消除疲劳，恢复精力，有利于人体健康长寿。若要安卧有方，第一必须保证足够的睡眠。一般说来，青年人每天睡眠时间以 7~8 小时为宜。二是要注意卧床宜软硬适宜。过硬，全身肌肉不能松弛得以休息；过软，脊柱周围韧带和椎间关节负荷过重，会引起腰痛。三是枕头一般离床面 5~9 厘米为宜。过低，会使头部血管过分充血，醒后出现头面浮肿；过高，会使脑部血流不畅，易造成脑血栓而引起缺血性中风。四是要有正确的睡眠姿势。一般都主张向右侧卧，微曲双腿，全身自然放松，一手屈肘平放，一手自然放在大腿上。这样，心脏位置较高，有利于心脏排血，并减轻负担，同时，由于肝脏位于右侧较低，右侧卧可使肝脏获得较多供血，有利于促进新陈代谢。在长寿者调查中许多长寿老人都自述以右侧弓形卧位最多。古谚也说："站如松、坐如钟、卧如弓"，"屈股侧卧益人气力"。五是要养成良好的卫生习惯。晚饭不宜吃得过饱，也不宜吃刺激性和兴奋性食物，中医认为"胃不和则卧不安"。睡前宜梳头，宜用热水浴足。

3. 谨防劳伤体

防劳作伤，这是维护强壮肌体、避免形伤的重要措施，在劳作中，要坚持循序渐进、量力而行的原则，注意适度地劳动，不能逞强斗胜，切忌久视久坐。

4. 居处应适宜

人离不开自然环境，中医很早就提出了人与自然相生相应的"天人相应"学说。《内经》在总结环境对人体健康与长寿的影响时指出，"高者其气寿，低者其气夭"。说明住处地势高的人多长寿，而地势低的人多早夭。为何地理环境不同，寿命长短不一呢？因为地区不同，水土不同，水土与水质对食物构成成分及其对人体营养的影响很大。同时，气象条件的差异对人体健康的影响也不一样。在寒冷的环境中，细胞代谢活动减慢，人类的生长期延长，衰老过程推迟。我国人口普查表明，居住在高寒山区的新疆、西藏、青海，无论是人群中百岁老人的比例还是老年人口的长寿水平，都要高于国内其他地区。此外，居室的采光、通风、噪音和居室内外的环境美化和净化，与人的健康和长寿也密切相关。

5. 衣着讲宜忌

衣着服饰对人体健康的影响，主要是与衣服的宽紧、厚薄、质地、颜色等密切相关。古今养生学家认为，服装宜宽不宜紧，并提出："春穿纱，夏着绸，秋天穿呢绒，冬装是棉毛。"内衣应是质地柔软、吸水性好的棉织品，可根据不同年龄、性别和节气变化认真选择。同时，要特别强调"春不忙减衣，秋不忙增衣"的春捂秋冻的养生措施。

6. 作息有规律

人体器官分别在不同阶段行使排毒功能，以保证身体的健康。因此，尽量不违背生理规律，形成规律的作息，对保证健康十分必要。以下是一份合理的作息时间建议。

（1）晚上 9 ~ 11 点为免疫系统（淋巴）排毒时间，此段时间应安静或听音乐。

（2）晚间 11 点至凌晨 1 点，肝的排毒，需在熟睡中进行。

（3）凌晨 1 ~ 3 点，胆的排毒，亦需在熟睡中进行。

（4）半夜至凌晨 4 点为脊椎造血时段，必须熟睡，不宜熬夜。

（5）凌晨 3 ~ 5 点，肺的排毒。此即为何咳嗽的人在这段时间咳得最剧烈，因排毒动作已走到肺；不应用止咳药，以免抑制废积物的排除。

（6）早晨 5 ~ 7 点，大肠的排毒，应上厕所排便。

（7）早晨 7 ~ 9 点，小肠大量吸收营养的时段，应吃早餐。

案 例

某中专毕业生，因其良好的综合素质和形象气质，应聘到一家外企做总台接待员。其工作热情大方、有礼有节，一度受到领导的赏识，但后来其因与男朋友分手，就将低落的情绪带到工作中，接听电话有气无力，无精打采，甚至出现电话记录失误问题。更为严重的是，从此不修边幅，乃至暴饮暴食，迅速从一个窈窕淑女变成了一个毫无形象的胖女孩，公司认为其工作属于公司的形象窗口，已不能再代表公司形象，遂将其辞退。

教师提示

> ➤ 合理的作息规律和科学的饮食，不但影响人体的身体健康，而且影响事业和感情。初入职场，难免有一些人际关系、工作关系需要应酬，应注意公关技巧与策略，既要保证公关目标的实现，又要保证自身健康。身体是革命的本钱。
>
> ➤ 应尽量调节好自身的心理和情绪，处理好工作事务和私人事务的关系，不把私人情绪带到工作中去。

第四节　急救基本知识

人们在生活中特别是运动中难免受伤，在人的一生中也难免会遇到各种自然或人为灾害，掌握一些急救知识，就可能减轻伤痛和降低灾害损失，反之则会使伤痛加重，损失加大。

2009 年 4 月，某中专学生下楼不慎将脚踝扭伤，其同学立即错误地使用热水袋来为其热敷，且未采取隔热措施，使受伤的同学扭伤加烫伤。在日常生活中，如果同学们具备了基本的急救知识，就可以减轻自然灾害对人类的危害。

一、报警求助常识

1. 110 报警服务电话

发现刑事、治安案件以及危及公共与人身财产安全、工作学习及生活秩序的事件或案件时，及时报警是每位中职学生应尽的责任与义务。学生在遇到个人人身及财产安全受到不法侵害时首先要想到及时报警求助或寻找一切机会报警求助。

（1）110 免收电话费，投币、磁卡等共用电话均可直接拨打，也可用手机、固定电话直接拨打。

（2）发现斗殴、盗窃、抢劫、强奸、杀人等刑事、治安案件，应立即报警。若情况危急，无法及时报警，则应在制服犯罪嫌疑人或脱离险境后，迅速拨打110报警。

（3）发现溺水、坠楼、自杀，老人、儿童或智障人员、精神病患者走失，公众陷入孤立无援的境地，水、电、气、热等公共设施出现险情的，均可拨打110报警。

（4）拨通110报警电话后，会听到中英文语音提示，然后会有接警员受理报警求助。

（5）报警时请讲清楚案发的时间、方位，你的姓名及联系方式等。如对案发地点不熟悉，可提供现场附近具有明显标志的建筑物、大型场所、公交车站、单位名称等。

（6）报警后，要注意保护好现场，以便民警到场后提取物证、痕迹等。

（7）未成年学生遇到刑事案件时，应首先保护好自身安全，再进行报警。

（8）报警一定要真实，切不可虚报、假报，否则要承担相应的后果和责任。

2. 119火警报警电话

发现火情要及时报警，是每个公民应尽的义务，任何单位、个人都应无偿为报警提供方便。

（1）119免收电话费，投币、磁卡等公用电话均可直接拨打，也可用手机、固定电话直接拨打。

（2）拨打119火警电话时，要准确报出失火方位。如果不知道失火地点名称，也应尽可能说清楚周围明显的标志，如建筑物等。

（3）要尽量讲清楚起火部位、着火物资、火势大小、是否有人被困等情况。

（4）如有可能应在消防车到达现场前设法扑灭初起火灾，以免火势扩大、蔓延。扑救时要注意自身安全。

119 也参加其他灾害或事故的抢险救援工作，包括各种危险化学品泄漏事故的救援；水灾、风灾、地震等重大自然灾害的抢险救灾；空难及重大事故的抢险救援；建筑物倒塌事故的抢险救援；恐怖袭击等突发性事件的应急救援；单位和群众遇险求助时的救援救助等。

3. 122 交通事故报警服务电话

发生交通事故或交通纠纷，可以拨打 122 或 110 报警电话。

（1）122 免收电话费，投币、磁卡等公用电话均可直接拨打，也可用手机、固定电话直接拨打。

（2）拨打 122 电话时，必须准确报出事故发生的地点和人员、车辆损失情况。

（3）双方认为可以自行解决的事故，应把车辆转移至不妨碍交通的地点，协商处理；其他事故，需变动现场的，必须标明事故现场位置，把车辆转移至不妨碍交通的地点，等候警察处理。

（4）遇到交通事故逃逸车辆，应记下肇事车辆的车牌号；如果没有看清楚肇事车辆的车牌号，应记下肇事车辆的车型、颜色等主要特征。

（5）找交通警察处理交通事故是最好的解决办法，在交通警察到达现场前应注意保护好现场。

（6）交通事故造成人员伤亡时，应立即拨打 120 或 999 急救电话。同时不要破坏现场和随意移动伤员。

4. 120 或 999 医疗急救求助电话

（1）120 和 999 都是急救求助电话，免收电话费，投币、磁卡等公用电话均可直接拨打，也可用手机、固定电话直接拨打。

（2）需要急救服务时，可拨打其中任何一个号码。但不要同时拨打两个号码，以免造成资源浪费。

（3）拨通电话后，应讲清楚病人的所在方位、年龄、性别和病情。如果不清楚确切地址，应说明大致方位，如在什么街道、什么建筑物附近等。

（4）尽可能说明病人典型的发病表现，如胸痛、意识不清楚、呕吐、呼吸困难等。

（5）尽可能说明病人患病或受伤的时间。如果是意外伤害，要说明伤害的性质，如触电、爆炸、溺水、火灾、交通、中毒等，并报告受伤者各身体部位的情况。

（6）要尽可能说明你的特殊要求，并了解清楚救护车到达的大致时间，准备接车。

（7）如果了解病人的病史，在呼叫急救服务时应提供给急救人员参考。

二、运动损伤急救常识

在体育运动中，如发生损伤要积极应对，科学处理。

（1）在体育运动中受伤，应立即停止运动，以免加重伤情。

（2）对扭伤关节和韧带的，要立即停止活动，对扭伤部位进行固定，防止扭伤部位活动加重伤情，可用胶带固定，绷带固定或石膏固定，也可用护踝等物固定。同时，对扭伤部位要用冰袋等进行冷敷，冷敷时冰袋、冰块不要直接接触皮肤，以免冻伤。对扭伤部位，切忌大力按摩。

（3）对骨折的，不可移动患肢，如有条件，可用夹板固定患肢，然后及时送医院治疗，如无条件的，不要乱动患处，应直接送医院治疗。

（4）对皮肤损伤，如擦伤部位较浅，涂上红药水即可；如擦伤部位出血或较脏，要先用生理盐水清洗创口，再涂红药水；如皮肤被磨出水泡，可涂抹适量润滑膏或凡士林；如水泡已破，要及时挤干水泡内的水，然后涂上抗菌药物；如皮肤撕裂较重应清洗创口后及时送医院治疗。

（5）对肌肉拉伤，应进行冷处理，如冷水冲、冰敷，不可立即热敷或搓揉。

（6）对软组织损伤如碰伤，应选冷敷，然后用活血化淤的药物如正红花油、云南白药等进行喷擦。

（7）对出血的损伤，应抬高肢体，使出血部位高于心脏，然后清洗伤口，进行挤压包扎，严重的应及时送医院治疗。

案例一

不科学锻炼引发惨剧。2007 年 6 月，云南某中专学校学生上早操时，一学生在跑步中摔倒，经医院抢救无效死亡。经查实，该同学犯有先天性心脏病，不宜进行剧烈运动。

案例二

晨练中的告别。某学校工商管理专业学生张某、蔡某在学校运动场上跑步锻炼。在一起跑了三圈后，张某提出休息一下，蔡某说："我想再跑一圈。"张某说："你体检时心律不正常，不要再跑了。"蔡某一边说"不要紧"，一边又上了跑道。过了一会儿，张某没有等到蔡某，便沿着跑道寻找，发现蔡某倒在跑道上，一动也不动，张某急忙呼救。五分钟后，校医和 120 急救车赶到现场急救，但蔡某瞳孔已经放大，不治身亡。

教师提示

➤ 参加体育运动要掌握科学的方法，科学运动。

➤ 参加体育运动要以安全为前提，保证安全运动。

➤ 猝死的主要原因是心脏病，只要稍加注意，是完全可以避免死亡的：

 ● 定期到医院检查身体，尽早发现隐疾，及时治疗。

 ● 患有可能危及生命安全的疾患，要排除不应有的顾虑，及时报告学校、老师，请求老师、同学的关照。

 ● 适度运动，注意心理平衡。心脑血管病患者一定要避免着急和突然用力。

 ● 掌握一定的急救常识，备好急救药品，出现异常情况及时呼叫120。

三、自然灾害急救常识

自然灾害是人类依赖的自然界中所发生的异常现象，自然灾害对人类社会所造成的危害往往是触目惊心的，它不仅威胁到我们的财产安全，而且还威胁到我们的生命安全。对于自然灾害的威胁与危害，人类目前还没有能力去根除它，但是，我们可以研究、掌握自然灾害的内在规律，采取正确的方法和措施，有效地预防和规避自然灾害，尽量减少自然灾害给人类带来的损失，降低自然灾害对人类的危害。中职学生学习和掌握预防及规避自然灾害的正确方法，能够在遭遇自然灾害时，采取正确的应对措施，减少自然灾害给我们带来的危害和损失。

1. 地震急救常识

地球可分为三层。中心层是地核，中间是地幔，外层是地壳。地震一般发生在地壳之中。地壳内部在不停地变化，由此而产生力的作用，使地壳岩层变形、断裂、错动，于是便发生地震。

当地震还在持续时，将你的活动范围限制在周围某个安全地点几步以内，在晃动停止、确认安全后再离开室内。

（1）如果你在室内：

①蹲下，寻找掩护，抓牢——利用写字台、桌子或者长凳下的空间，或者身子紧贴内部承重墙作为掩护，然后双手抓牢固定物体。如果附近没有写字台或桌子，用双臂护住头部、脸部，蹲伏在房间的角落。

②远离玻璃制品、建筑物外墙、门窗以及其他可能坠落的物体，例如灯具和家具。

③如果地震发生时你在床上，请待在那里不要动。抓紧枕头保护住你的头部。如果你上方有可能坠落的重型灯具，请转移至最近的安全地带。

④在晃动停止并确认户外安全后，方可离开房间。地震中大多数伤亡，是在人们进出建筑物时被坠物击中造成的。

⑤要意识到可能会断电，火警以及自动喷淋装置可能会启动。

⑥切勿使用电梯逃生。

（2）如果你在室外：

①待在原地不要动。

②远离建筑区、大树、街灯和电线电缆。

（3）如果你在开动的汽车上：

①在确保安全的情况下，尽快靠路边停车，留在车内。

②不要把车停在建筑物下、大树旁、立交桥和电线电缆下。

③不要试图穿过已经损坏的桥梁。

④地震停止后小心前进，注意道路和桥梁的损坏情况。

（4）如果你被困在废墟下：

①不要点火柴。

②不要向周围移动，避免扬起灰尘。

③用手帕和布遮住口部。

④敲击管道和墙壁以便救援人员发现你。可能的话，请使用哨子。在其他方式都不奏效的情况下再选择呼喊——因为喊叫会使人吸入大量有害灰尘并消耗体能。

2. 泥石流急救常识

泥石流是在山区沟谷中，因暴雨、冰雪融化等水源激发的、含有大量泥沙石块的特殊洪流。泥石流的形成必须同时具备以下三个条件：陡峻的便于集水、集物的地形地貌；丰富的松散物质；短时间内有大量的水源。

泥石流按其物质成分可分为三类：由大量黏性土和粒径不等的砂粒、石块组成的叫泥石流；以黏性土为主，含少量砂粒、石块，黏度大、成稠泥状的叫土石流；由水和大小不等的砂粒、石块组成的叫水石流。

当泥石流发生时，要遵循泥石流的规律采取应急措施。

（1）路经山谷地带，留心观察周围环境情况，如道路两旁植被遭严重破坏，又突遇暴雨，要迅速转移至安全的地方，切勿停留。

（2）留意泥石流发生前的征兆。在大量降雨后，仔细听听从附近洞谷有无传来打雷般的声响，如果有，需立即采取避险措施。

（3）如遭遇泥石流，要立即选择与泥石流垂直的方向沿两侧山坡往上爬，爬得越快越高越安全。切记不要顺泥石流方向往下跑。

（4）如在野外露营，要选择高处平坦、安全的地方，尽可能避开有滚石和易发生滑坡的坡地下边，不要在山谷及河沟底驻扎。

3. 滑坡急救常识

滑坡上的岩石山体由于种种原因在重力作用下沿一定的软弱面（或软弱带）整体向下滑动的现象叫滑坡。俗称"走山"、"跨山"、"土溜"等。

滑坡形成的条件是：只有斜坡岩、土被各种构造面切割分离成不连续状态时，才可能具备向下滑动的条件。

当遇到滑坡时，首先应保持冷静，不能慌乱。慌乱不仅浪费时间，而且极可能作出错误的决定。要迅速环顾四周，向较为安全的地段撤离。一般除高速滑坡外，只要行动迅速，都有可能跑离危险区段。跑离时，以向两侧跑为最佳方向。在向下滑动的山坡中，向上或向下跑是很危险的。当遇到无法跑离的高速滑坡时，更不能慌乱，在一定条件下，如滑坡呈整体滑动时，原地不动，或抱住大树等物，不失为一种有效的自救措施。

当处于非滑坡区，而发现可疑的滑坡活动时，应立即报告邻近的村、乡、县等有关政府或单位。

4. 雷电急救常识

伴有雷声和闪电现象的天气，气象上称为雷电。雷电天气时，当云层与地面之间的电位差达到一定强度时，就会发生放电现象，闪电击到地面或击中某些物体就造成雷击。据研究，雷击的电流强度通常可达几万安培，温度可达摄氏两万度，如此强大的电流和高温，其危害程度可想而知。

（1）雷电发生时，如果你在街上或在家：

①尽快进入有完好避雷装置的建筑物内，关闭门窗，切不可停留在楼顶上。

②不倚靠在建筑物的外墙、柱上，不靠近、不触摸金属水管或金属门窗和其他带电的设备。

③在电源和电话、电视等室外引入的信号线没装避雷器的情况下，尽量不要看电视、打电话，也不要用其他电器，最好拔掉

电源和信号插头。

④不要在家洗淋浴，特别是太阳能热水器装在屋顶，又处在直击雷保护范围之外的更要特别注意。

（2）雷电发生时，如果你在室外空旷地：

①不能躺在地上。不要以为躺着能最大限度地降低高度，这样做只会增加"跨步电压"。正确做法是两脚并拢，蹲在干燥的绝缘物上，双手合拢，抱膝低头。

②不要在洞穴、大石和悬崖下避雨。这些地方是雷电喜欢光顾的通道，但是深的洞穴则十分安全，应尽量走到深处。

③不要离开汽车。如果雷雨来时，你恰好在汽车中，那么你是幸运的。车厢虽然是金属制造物，但是因为屏蔽作用反而十分安全，就算直接被闪电击中也不会伤人。

④离金属建筑物的距离要足够远。并非直接的电流才会致命。当闪电击中铁栅栏等金属物时，电能瞬间释放会产生强大的冲击波的雷声，如果离得不够远，可能会被声波震伤肺部，严重的可以震死人。

⑤喝水也是危险的。不要因为一时情急，就忘记水壶是金属制品。手机、登山杖、小刀等物品，全部都要留心收好。帐篷里也不是安全之处，因为帐篷的支架多是金属制品，容易招惹雷电。如果帐篷搭建在空旷处，那就更危险了。

5. 水灾急救常识

洪水灾害是指水流脱离水道或人工的限制并危及人民生命财产安全的现象。当受到洪水威胁时，要采取正确的措施应对洪水的威胁：

（1）在容易发生洪水灾害的地区，要本着有备无患的原则，平时可准备一些沙袋，以备急用。

（2）要设法减缓洪水流入室内。可以将沙袋堆在房门的门槛上，无沙袋可将泥土装入大塑料袋里，也可以阻挡洪水流入。

（3）洪水淹没窗子入室时，就要在房外面沿窗台外侧堆放沙袋，紧急情况也可以用布片、旧地毯等物塞住窗子缝隙。

（4）倘若房子受到威胁，首先要关闭电源总开关和煤气阀门，以免电线浸水后导电伤人或发生火灾。

（5）如果洪水是缓慢上涨，时间允许，要将贵重物品收藏在安全的地方。如果水势迅猛、时间紧迫，可将贵重物品放在高处，并准备随时转移出去。

（6）倘若洪水上涨，一时退不下去，应该准备一些粮食、干粮、饮用水、保暖的衣物、火柴及打火机，装放在塑料袋内。带的粮食应选择一些热量高的，如巧克力、甜点心等。把已经准备好的东西放在安全防水的地方，以备用或转移时随时可以携带。

（7）要准备烧开水的用具和轻便的炊具。洪水到来时，水源受到污染，必须饮用开水。同时也可以做一些简单的饭菜，以备充饥和防止消化系统疾病的发生。

（8）如果已被水围困，在迫不得已紧急情况之下可能要爬上房顶避水，这时可以用颜色醒目的旗帜、床单、绸布、衣服、镜子或手电等东西，发出求救信号。最好将身体固定在坚实的固定物上，如烟囱等，以免滑下被水冲走。

（9）如果已经落水，千万要镇静。凡是从身边冲过来的能浮起的东西，如气床、木梁、木板、箱柜等，都可能成为临时的木筏，可以随手得到的绳子、被单等带状物，可以用来绑扎成木筏。如果看见粗大的树木，更应把握机会抓住不放，等待救援。

（10）用木筏逃生这是最后的关头才可取的方法。上木筏之前，一定要试看一下木筏是否漂浮，还要找可以当桨使用的东西。同时也要选些可以发信号的用具。

案例一

　　四川汶川特大地震。2008 年 5 月 12 日 14 时 28 分，四川汶川县（北纬 31 度、东经 103.4 度）发生 8 级强烈地震，震源深度 10～20 公里。四川成都市震感强烈，震感波及全亚洲。汶川 8 级特大地震，给震区及周边地区造成巨大破坏，北川县、绵阳市、德阳市、茂县、平武等数十个县市的房屋垮塌严重，公路、电力等公共设施严重毁损……震区已成为一片废墟；截止到 2008 年 7 月 21 日，地震已造成 69 197 人死亡、374 176 人受伤、18 209 人失踪。伤亡如此惨重，举国悲痛，世界震惊。为哀悼死难者，国务院决定将 2008 年 5 月 19 日—21 日定为全国哀悼日，下半旗，为地震中遇难同胞致哀。据中国地震局初步监测和评价认定，汶川 8 级特大地震是印度板块向亚洲板块俯冲，造成青藏高原快速隆升导致的。其震源深度浅、持续时间长，因此，破坏性极大。

案例二

　　1998 年特大洪水。1998 年我国发生了历史上罕见的洪水灾害，特别是长江，发生了 1954 年以来又一次全流域型的大洪水；东北的嫩江和松花江也出现了特大洪水。全国人民对此都十分关注。在党中央、国务院直接领导和关怀下，数百万军民同洪水作了殊死的搏斗，抗御了一次又一次的洪水袭击，终于保住了重要堤防，保住了重要城市和主要交通干线，保护了人民的生命安全，最终取得了抗洪抢险的全面胜利。1998 年的长江水灾，死亡 1 万多人，长江干堤只九江一处决口，而且几天内就堵住了，沿江城市和交通干线都没受淹。1998 年的长江，洪峰接连出现，先后共 8 次，高水位持续时间长，长江中游大部分江段超过警戒水位的时间达两个多月，超历史最高水位的时间也持续一个多月。在抗洪抢险中，江泽民、朱镕基、李鹏等中央领导同志都亲临抗洪第一线指挥战斗，全国参加抗洪抢险的干部群众达 800 多万人（长江 670 万人，东北 110 万人）。特别是解放军、武警部队在这次抗洪抢险中发挥了重要作用。截止到 1998 年 8 月 24 日，全军和武警部队投入抗洪抢险兵力达 30 多万人，有 110 多名将军亲临一线指挥，不亚于战争中的一次大战役。同时，此次抗洪抢险还得到全国各地各部门的大力支持与合作。

案例三

闯进教室的雷电。2005 年 5 月 23 日下午 4 时许，重庆开县义和镇兴业村小学遭遇球形雷袭击。当时这所小学四年级和六年级各有一个班正在上课，一声惊天巨响之后，教室里腾起一团黑烟，烟雾中两个班共 95 名学生和上课老师几乎全部倒在了地上。有的学生全身被烧得黑糊糊的，有的头发竖起，衣服、鞋子和课本的碎屑撒了一地。据一些同学回忆，火球有如篮球场那么大，直奔教室而来。此次雷击共造成兴业村小学四年级和六年级学生 7 人死亡、19 人重伤、20 人轻伤，许多同学还留下了后遗症。事故的主要原因是：5 月 23 日下午 4 时许，义和镇兴业村小学教室多次遭受雷电闪击，并伴有球形雷的发生，发生事故的小学教室没有采取避雷措施，当雷电直接击中教室的金属窗时，由于该金属窗未做接地处理，雷电流无处泄放，靠近窗户的学生就成了雷电流泄放入地的通道，雷电流的热效应和机械效应导致学生出现伤亡。

教师提示

- 对于自然灾害，人类目前还没有能力去根除它，但是，掌握其内在的规律，有效预防和正确应对自然灾害，可以减少自然灾害给人类造成的损失，有效保护自己的生命财产安全。
- 我们无法阻止地震的发生，但是，我们也不能被地震所吓倒，有志于地震研究的同学应以天下为己任，努力学习，为提高我们的地震预报水平作贡献。
- 目前，人类无法阻止暴雨、洪水、泥石流、滑坡、雷电等自然灾害的发生，但我们可以根据自然规律做好减灾防灾工作。在雨季、汛期，同学们出行时要注意暴雨、洪水、泥石流、滑坡、雷电等自然灾害的发生。灾害发生时，要听从政府和学校的安排，积极投身到抢险救灾中。

四、火灾急救常识

火灾无情，一旦发生火灾事故，要科学应对，降低火灾危害后果。

1. 报警

发生、发现火灾，首要的是报火警，报告发生火灾的准确地址，这是防止火灾扩大，扑灭火灾的首要方法。一旦发生火灾，只要不能自行马上扑灭，就应当立即拨打火警电话119报警。报火警要注意以下事项：准确报明火灾发生的详细地址，尽量用普通话报警，地名要讲全称，不讲简称；如有可能，报明着火物质的名称；如有人被困要如实报告；让别人或自己到路口迎接消防人员。如在没电话或没电话信号的地方可以用喊声、敲锣、敲锅、敲盆等能惊动四周的方法报警。

2. 积极扑救

在火灾初发之时，如及时发现，及时扑救，往往能迅速扑灭火灾。

扑灭火灾的具体方法有以下几种：

（1）隔离法：就是将可燃物与火源分开。如关闭阀门，阻止可燃气体、液体流入燃烧区；拆除与火源相邻的可燃建筑物；挖防火带等。

（2）冷却法：就是将灭火剂直接喷到燃烧物上，将可燃物的温度降到燃点以下的灭火方法。如喷射二氧化碳灭火等。

（3）窒息法：就是阻止空气流入燃烧区，使燃烧物断氧熄灭的方法。例如用石棉布、湿棉被、湿帆布覆盖燃烧物灭火。用窒息法灭火要注意必须是燃烧面积小，可以通过覆盖、堵塞达到断氧的情况下才能使用。

（4）抑制法：就是将化学灭火剂喷入燃烧区使之参与化学反应从而使燃烧停止的灭火方法。例如用干粉灭火器灭火，用卤代烷灭火剂灭火等。

在扑救火灾时要注意：若因用电不当起火，应迅速切断电源，使用干粉灭火器灭火，不宜用水扑救；液化气起火要及时关闭阀门，用湿手巾、湿抹布盖住起火点；油类、酒精类起火不可用水灭火，应用湿布覆盖方法灭火；发生火灾要及时转移易燃易爆有毒物品，如有人被困要先救人再灭火；消防人员到达后，要及时报告火场情况，听从消防人员指挥，不破坏火灾现场。

3. 火场自救方法

如发生火灾被困，应沉着冷静，选择有利的时机、路线和方法进行自救，切忌惊慌失措、慌不择路。

（1）**熟悉环境。**火灾发生时，如熟悉所处的环境，便可最快逃离火场，免受伤害；如环境不熟，不知从何处可以逃生，东奔西跑，则可能丧失逃生机会。人们对自己居住的环境往往比较熟悉，但对一些易发生火灾的公共场所，则往往忽视其安全通道和周围环境。因此，当我们外出进入商场、宾馆、酒楼、歌舞厅、网吧等场所时，要留心一下周围环境，辨别一下方向，留心一下太平门、安全出口、灭火器位置、水管位置、门窗位置等。这样，发生火灾时便可以心中有数，积极自救，迅速逃离。

（2）迅速撤离逃生。发生火灾，逃生要当机立断，争分夺秒，一旦迟疑，则可能丧失逃生机会。因为火灾发生初期火小烟少，逃离火场的条件较好，这时一定要抓住时机，快速逃离火场，切忌为贪恋财物而丧失逃生机会。

（3）毛巾保护逃生。火灾发生时产生的浓烟中一氧化碳含量非常高，能在几分钟内令人窒息死亡，火灾发生时火场温度很高，热空气吸入，会灼伤呼吸系统。遇火灾逃生时，可以把毛巾浸湿捂住口鼻逃生，如无毛巾，衣服、餐巾布等都可以代替，如无水，可直接用干毛巾等捂住口鼻，也起一定作用。

（4）利用疏散通道逃生。遇楼房着火时，要根据火情优先选用最便捷、最安全的通道和设施如疏散楼梯、消防通道等逃生。在通过疏散通道逃生时，可以在身上、头上浇些冷水，以防被火烧伤，也可以用湿被子、湿毛毯、湿床单裹住身体逃生，以免被烧伤；通过有浓烟的房间、通道要匍匐爬行或低姿势前行，因为浓烟是先上升受阻挡才向下弥漫的，这样做可以减少吸入浓烟，防止窒息。

（5）借助器材逃生。遇到火灾时，逃生或救人的器材很多，如升降器、救生袋、救生网、救生气垫、救生梯、救生滑杆、救生滑台、导向绳等。利用这些器材，可大量救出受困人员。如没这些器材，受困人员可以自制逃生工具，利用结实的绳子或将布单、窗帘、床单等撕成条、拧成绳、用水沾湿，然后拴在牢固的窗、柜、床架等上面，利用绳索逃离危险。如火灾发生时被困楼层较低，如在二三楼以下，找不到工具，也无法等待救援，这时可以选择跳楼逃生，但要注意不要惊惊慌慌乱向下跳，可以向楼下扔些被子、枕头、沙发、床垫等物品再跳，这样可以缓解下落的冲击。同时，跳楼逃生时，不要直接纵身跳下，可以用手抓住阳台、窗台，降低下落高度再放手，这样可以减少伤害。注意，如身处三楼以上高楼，不可直接跳楼逃生，楼太高，容易造成死亡或重伤，只要有一线机会都要等待救援，不可放弃。

（6）暂时躲避。在无法逃生的情况下，要积极寻找可暂时避难的处所，先保护好自己，再择机逃生。例如可利用卫生间、避难间躲避烟火的危害。如没避难间，要积极创造避难环境，以求得生存：关闭迎火面的门窗，打开背火面的门窗，窗外有烟进入时要关上窗子，门缝、窗缝或其他孔洞有烟进入时要用布条堵上或挂上湿毛毯、床单、棉被，将房间迎火的门窗浇上水，淋湿房间内一切可燃物。在被困时，要利用一切方法与外界联络，以便及早获救，可利用通讯工具与外界联络，没通讯工具的要通过敲打周围物品向外传递信号，方便外面救援。

火场逃生还要注意：第一要有序逃生，不可拥挤，否则大家都无逃生的机会。第二，如被困要开门逃生时，先用手背碰一下门把，如门把烫手，或有烟火从门缝冒出，不可急于开门，因为门外火势可能很大，开门反而更危险。

案例一

点蜡烛引发火灾。2001 年 4 月，云南某中专学校学生在蚊帐内点蜡烛看书，引发火灾，导致一学生烧伤，学校财产损失近万元。

案例二

取乐引发森林大火。2006 年 8 月，云南大理两名少年到苍山游玩，两少年点燃茅草取乐，结果引起火灾，烧毁苍山保护区林木七百余亩，造成巨大损失。

案例三

隐患不除，火灾不止。2003 年 11 月 24 日凌晨，俄罗斯莫斯科人民友谊大学六号楼学生宿舍发生火灾，造成 41 名外国留学生丧生，150 多名学生受伤。其中，中国留学生死亡 11 人，受伤 46 人。丧生的学生大部分是烧死的，还有一部分是一氧化碳窒息而死，另有一些学生是在慌乱中跳楼摔死。经过调查，这次事故是由于留学生住宿楼电线老化造成的，宿舍楼又是木质结构，加之学校为了防盗将宿舍楼的另外三个紧急出口锁死，火灾发生时是夜间，学生只能从一个出口逃生，有的学生根本不知道紧急出口在哪里，因此造成了如此大的伤亡。

教师提示

- ➤ 要遵守安全用火的规章制度。
- ➤ 要养成安全用火、用电的良好习惯。
- ➤ 要保证消防设施和消防通道的完好和畅通。
- ➤ 要学习火灾逃生的技巧。

视 野 拓 展

牢固树立安全意识

1. 主动的自我防范

在认识到社会治安形势的严峻和校园现实的安全状况后，每一个学生必须有主动的自我防范意识。无论在日常生活中，还是在社会交往、处理社会事务、外出活动时，都要有自我防范意识。同学们入校以后，要了解和尽快适应学习生活，对校园内经常发生的安全问题应予以充分重视，注意了解其发生发展的特点并努力做到防患于未然。例如，春季是流行性疾病的高发期，应注意饮食卫生；夏季是流氓滋扰事件的多发期，女生应当增强自我保护意识；秋冬两季火灾发生频繁，同学们应当特别注意防火灾事故；节假日出行频繁，中途伤害事故增多，学生应注意旅行中方方面面的安全，等等。同学们要根据上述这些特点，注意增强防范意识，以减少安全事故的发生。

（1）要培养自己处理安全问题的能力，掌握涉及社会安全、自身安全等方面的知识和技能，灾害事故发生时能够采取正确的行动保护自己，采取有效途径减轻灾害事故的危害，包括火灾逃生、应对暴力、紧急情况下的自我解救等。要学法懂法，学会依法保护自己的合法权益，使国家财产和自己的人身、财产不受侵害。

（2）提高危机应变能力。现实生活突发事件时有发生。突发事件一般是指难以预料、突然发生、关系安危的超出常规的特殊事件，具有复杂性、危险性等特点。从流行性疾病到气象地质灾害，从大型活动中案发的骚乱等拥挤踩踏事件到校园恶性斗殴事故，还有突发性的爆炸、杀人等暴力犯罪，这些突发事件已不断出现在社会生活中。在当前我国各种应急体系、公共服务体系逐步健全的同时，在校生和初入职场者也必须有面对突发情况的应变意识。

（3）遵纪守法的自律意识。遵纪守法是每一个公民的义务和行为准则。当前，部分学生法律意识淡薄，违法乱纪现象屡有发生，而且随着近年学校社会化程度增大，校园及人际环境变化，学生违法、违纪事件呈现上升趋势，如校园中一直较为突出的盗窃、打架斗殴、聚众赌博以及近几年出现的涉黄涉毒、制造计算机病毒等，甚至行凶杀人都在中职学生中发生，不仅严重影响了学校教学和生活环境，而且也危及社会秩序。因此，作为中职学生来讲，必须严格自律，必须有遵纪守法意识，增强法治观念，自觉遵纪守法，不侵犯国家、集体的财产和他人的人身、财产安全，不危害社会，不参与违法犯罪活动。

（4）培养积极应对压力和挫折的健康心理。压力和挫折是学生成长中不容忽视的问题。中职学生在学习、生活、健康、人际关系等方面均不可避免地面临着各种挫折和压力，它直接影响着学生的社会化进程及其身心的健康发展。因此，中职学生在面临压力和挫折时要具备积极应对挫折的心理意识，要树立正确的价值观。冷静、客观地认识压力和挫折，有效地控制自己的情感，提高分析问题和解决问题的能力。在学习、工作和生活中方向明确，目标专一，无论遇到什么困难，都要坚持正确的价值导向，心胸开阔，朝气蓬勃，健康成长。

（5）要培养健康的心理品质和心理承受能力。中职生迟早要走入社会，而社会与学校相比，生活环境、工作条件、人际关系都会发生很大变化，这些变化难免会使那些心存幻想、踌躇满志的毕业生产生较大的心理上的反差。这时，健康的心理品质和心理承受能力是第一位的。只有形成健康的心理品质和心理承受能力，使自己在心埋意识上与外部环境取得认同，才能正确对待社会的复杂性、多样性，消除自己在认知社会过程中的心理异常现象，促进认知结构各要素间关系相互协调发展，调节自我心态，克服心理障碍，提高意志行为水平，避免情绪的极端化。

2. 树立保险意识

保险是由保险公司在被保险人发生意外伤害和事故时按照保险内容给予的经济赔偿。现实社会带来的各种安全隐患时刻在我们身边。因此，无论在校学生还是职场中人，都必须树立保险意识，了解保险常识，根据自己的实际情况购买相应的保险，这既是对自己负责，也是对家庭负责的体现。

随着社会的发展，人们生活需求的不断变化，各种风险也不断增加。因此，人身保险的险种种类也在不断发展变化。尽管如此，在全世界 200 多年的保险发展史中，也不过演变出几种最基本的险种。现在分别介绍如下：

（1）"保障＋储蓄"为主要成分的养老金保险。这种保险是将银行储蓄的作用加以改造，增加了保证功能形成的，从形式上讲同银行储蓄差不多，但从内容上讲差异就大了。对个人来说，有了保险保障，就有了安定性，不受银行利率影响，万一在合同期内发生变故，被保险人可以得到一笔约定的经济补偿，这是银行所没有的。此类保险的特点是保费高，保障相对意外险较低。险种名称上一般有"人寿"、"年金"之类的词。

（2）"保障＋补偿"为主要成分的医疗保险。此类保险提供的保障不是依据定额给付原则，而是补偿原则，是医疗实际开支款的数额，但补偿最高不能超过合同约定金额。因此，它的规则是补偿原则，特点是保费适中、保额不低。此类保险的名称上有"健康"、"医疗"等字眼。

（3）"保障"为主要成分的人身意外伤害险。此类保险一般没有储蓄功能，例如乘坐飞机保险，几元或几十元钱的保险费，保障几万或几十万元的经济给付。此类保险的特点是保费低、保额高，险种名称上有"意外险"3个字。

（4）"保障＋分红"为主要成分的分红保险和保险投资连带产品。此类保险是将保险和投资结合在一起的险种，它是在有限提供保障的前提下，拿出一部分资金进行投资，而投资获利多少，决定了分红和投资获利多少。此类保险的特点是保费高、保障程度相对其他人身保险险种而言比较低。

（5）在校学生办理的保险种类。保险公司往往针对在校学生推出"学生平安保险"或以"学生平安保险"为主附加的"意外伤害医疗保险"或"住院医疗保险"。其投保范围是在学校注册，身体健康，能正常学习和生活的学生。一般说来，此类保险往往有一定的政策倾向性，保费较低而保障程度较高，因此在校学生参加集体购买此类保险是很有必要的。

讨 论 与 活 动

某学校地处交通复杂地段：大门面临交通干线且属于车辆掉头路段，此路口无红绿灯标志，直行、转弯、掉头的机动车辆、自行车、摩托车等以及过马路的行人常常挤在一起，且常有逆行行人、自行车等，发生多次交通安全事故，造成人员和财产损失。学校大门左侧有公交车站，右侧有一人行天桥，但走人行天桥过马路者无几。

讨论问题：

1. 过马路应该遵循的交通原则是什么？

2. 出校门要过马路的师生最安全的路线是什么？

3. 交通安全，人人有责，你遵守交通安全规定了吗？

4. 安全涉及你、我、他。安全不保，和谐难存。我们应该怎样做，通过自己的积极努力为建设和谐社会作出贡献？

第二讲 青春期生理卫生基本知识

　　一位男生不习惯自己突然改变的嗓音，另一位女生被痛经折磨了很长时间而不知如何应对；一位男生为摆脱不了的网瘾而深深自责，另一位女生又不喜欢自己过胖的身材……这些同学都在不同的方面遇到了一个相同的问题——青春期生理卫生的基本知识。

　　本讲内容，力图帮助同学们解决以上所遇到的问题，以及帮助同学们解决与青春期生理卫生知识有关的其他问题。

基 本 知 识

　　青春发育期是由儿童发育到成人的过渡时期，是指从第二性征开始出现至性成熟及体格发育趋于停止的时期。青春期是生命中的一个重要时期，你的身体从一个孩子变成一个成人，即"长大成人"的过程。青春期是一个生理、心理迅速发育和日趋成熟的时期，也是决定人一生体格、体质、性格和智力水平的关键时期。

　　年龄：男孩 13～20 岁；女孩 11～18 岁。

　　第一性征：指男、女生殖器本身的差别。

　　第二性征：指除生殖器以外的男女特有的特征。

　　青春期总的特点：

　　(1) 体格生长加速，出现第二次生长突增；

　　(2) 各内脏器官体积增大，功能日趋成熟；

　　(3) 内分泌系统功能活跃，与生长发育有关的激素分泌明显增加；

（4）生殖系统发育骤然增快，到青春期结束时具有生殖功能；

（5）第二性征发育使得男女两性在形态方面差别更为明显；

（6）在体格及功能迅速发育的同时，也产生了剧烈的心理变化，容易出现心理卫生问题。

第一节　男性青春期生理卫生知识

一、男性性发育的特点

1. 性器官的发育（性器官指睾丸、阴茎、阴囊、龟头）

男孩子在小学三年级之前（约9岁以前），睾丸体积较小，长度小于2.5厘米。阴茎和阴囊仍处于幼儿型。进入四五年级（大约9~11岁），睾丸长度开始有所增加，阴茎增大，阴囊的皮松落，带红色。在阴茎根部及耻骨部有短小、颜色淡而且较细软的阴毛出现。到六年级以后，睾丸开始变厚、增重、加长，阴茎和阴囊增大，阴毛增长，颜色转黑，稍硬而且稠密。

2. 睾丸增大是男性青春发育开始的信号

大约在9.5~13.5岁，平均11.5岁，约半年至1年后，阴茎开始增大。阴茎突增的年龄平均为12.5岁。在青春期前，阴茎长度一般小于5厘米，至青春期末可达到12.4厘米。

睾丸的主要功能是产生精子和雄激素。精子离开睾丸后，在附睾内停留约21天，继续发育成熟，与迅速发育的精囊所产生的精囊液、前列腺产生的前列腺液等混合，形成精液。精液在体内积累到一定量，就会溢出来产生遗精。所以，遗精是青春发育后男性的正常生理现象。

首次遗精的发生年龄在12~18岁，平均为15.6岁。多出现在夏季，多发生在睡眠中。有些男孩因毫无心理准备，常会出现恐惧。有些可能表现为惊慌失措，有的甚至以为自己患了疾病，由于羞于启齿而无处求助。

3. 第二性征的发育

主要表现在阴毛、腋毛、胡须、变声、喉结出现等方面。阴毛开始发育的年龄有很大的个体差异，一般在 11 岁左右开始出现。约 1~2 年后腋毛也开始出现，胡须也随之萌出。13 岁左右声音逐渐变粗，约至 18 岁时完成发育。此外，值得注意的是，男孩中会有 1/3~1/2 的人出现乳房发育，经常先有一侧乳头突起，乳晕下可触及硬块及轻微的胀痛。一般在半年左右自行消退，属正常现象。

二、青春期男孩的卫生保健

1. 生殖器的保护

男孩的整个外生殖器，包括阴茎和阴囊，都是身体重要的组成部位。睾丸对外界压力十分敏感，即使是用很小的劲儿捏一下，也会疼痛得难以忍受。阴茎由海绵体组成，其中分布有丰富的血管，并且龟头表面密布感觉神经末梢。阴茎和阴囊对机械刺激都很敏感，应注意避免碰撞、摆弄捏玩。由于男孩外生殖器构造有以上特点，所以要注意保护自己的外生殖器。

教师提示

几种可能损伤外生殖器的原因：
➤ 打闹和摔跤时撞到生殖器；
➤ 骑车时颠簸或碰撞，使外生殖器受到来自于下方无法防备的撞击；
➤ 因踢球时的拼抢、冲撞造成外生殖器的受伤等。

通常在遇到这类情况时，睾丸会因阴囊受到打击，而反射性地向上收缩，以缓解冲击力量，使损伤减轻。此时，男生应立即站起来使劲蹦跳，力争使其归位，然后再往医院，请医生治疗。

2. 外生殖器的清洁

每晚用干净的温水清洗，勤换内裤。洗澡时要将包皮翻过来用水冲洗干净。如不注意保持清洁，积垢刺激会引起炎症，严重可能影响排尿。

3. 正常的遗精

进入青春期后，睾丸中的精子开始发育，逐渐成熟。前列腺和精囊等分泌精浆，两者形成精液。达到一定量后就会从阴茎里流出来，这就叫遗精。多发生于夜晚睡眠中。第一次遗精后男孩在生理上算得上是个成熟的男人了。遗精是一种正常的生理现象，应消除不必要的紧张、焦虑心理。有时在睡梦时偶尔会有精液流出来，称为"梦遗"，量不是很多，但男孩通常会醒来。一般每月有 1~2 次遗精，属正常的生理现象，应消除不必要的紧张和焦虑心理。平时备一条小毛巾，如夜里"有情况"不要大惊小怪，遗精时可用来擦拭干净。内裤宜用软质布料，不宜太紧，避免刺激。睡时被窝内不宜过暖、过重，最好侧睡。

4. 胡须保健

男孩进入青春期逐渐会出现胡须，这是生理现象。有的人不喜欢胡须，用手去拔。拔胡须有害无益，轻者引起毛囊炎、疖子，重者可引起严重的感染。拔胡须不能制止胡须的再生，却可以改变毛囊的位置，使以后的胡须长得不整齐，更难看，还会使胡须变黄，影响美观。可以在长到一定程度的时候剃掉。

相关链接

1. 影响男生生理健康的因素

（1）饮食不节，饥饱无常，特别是暴饮暴食。

（2）听凭兴趣，饮食偏嗜，尤其是过嗜烟酒，对男性生理健康连累更大。

（3）生活无律，动静无度。

2. 遗精过频

若遗精次数较频，同时遗精后伴有精神萎靡，头晕昏蒙，失眠多梦，面色无华，腰膝酸软，四肢乏力等症状，则为病理性遗精，就需要治疗了。治疗包括心理调护、饮食调护和药物治疗等诸多方面。

遗精的心理调护非常重要，尤其对那些缺乏性知识的青少年，要对他们进行性知识的宣教，克服和戒除习惯性手淫，自觉抵制黄色淫秽书刊、电影、录像等不良影响。

生活节奏要有规律，把精力集中在学习工作上，多做室外活动。比如和同学同事及家人一块郊游，多做文艺、体育活动，注意睡眠姿势，避免仰卧，不穿紧身衣裤，不饮酒和不过食辛辣刺激性食物，不吸烟，常洗内衣内裤，注意外生殖器卫生。若生殖器有病变，如前列腺炎、精囊炎、包茎、包皮过长、龟头炎等，要及时去医院诊治。

心理调护重在克服病者的恐惧、焦虑、紧张心理和羞于诊治的忌医思想。对那些遗精频频，身体健康不佳的，当用中医辨证治疗或服用小剂量镇静剂。

第二节　女性青春期生理卫生知识

一、女性青春期生理卫生知识概述

女性青春期分为三个阶段：

（1）初期：女孩月经初期出现前的体格形态发育突增阶段，

持续 2 ~ 3 年，约在 10 ~ 12 岁。

（2）中期：以第二性征迅速发育为特点，多数已出现月经初期，约在 13 ~ 16 岁。

（3）后期：指第二性征发育如成人，到体格停止发育。这一阶段约持续 3 年，约在 17 ~ 19 岁。

二、女性青春期生理保健主要内容

1. 月经初潮及经期的卫生保健

月经：指女性子宫内膜在内分泌影响下周期性的剥脱出现并从阴道排出，大约每月一次。

月经初潮：女孩进入青春期的重要标志之一。初潮年龄波动在 10 ~ 16 岁，平均 13 ~ 15 岁。因初潮时卵巢功能并不稳定，在初潮后半年到一年时间内月经周期不规则，这是正常现象。

月经出血的第一天为月经周期的开始，两次月经第一天的间隔时间为月经周期。一般为 28 ~ 30 天，提前或延后 7 天仍属正常范围。月经期为持续出血的天数，一般为 3 ~ 7 天。一般在月经期的第 2 ~ 3 天出血量最多。

在进入正常月经周期后，有时在特殊情况下，如激烈的体育运动、重体力劳动、生活环境的改变、情绪方面的改变，会导致痛经和各种不同类型的月经失调，如月经过多或过少，经期提前或延迟。一般在特殊因素过后会逐渐适应新环境，就会在短期内自然恢复正常。若月经周期延长到 6 个月以上或一次经期超过 11 天，或痛经症状逐月加重，均属不正常现象，应该就医诊治。

经期卫生保健：

①保持外阴清洁：月经期间阴部抵抗力下降，易受细菌感染，因而要每天清洗外阴，不要盆浴，应该淋浴，经期能用温水洗最好。

②注意保暖：经期御寒能力下降，受凉易引起疾病，如月经

过少或突然停止。因而要避免淋雨、趟水、用凉水冲脚；少食或不食冰冻食物与饮料，特别是夏天要避免吃过多冷饮。

③经期用品保洁：注意保持卫生巾清洁，购买国家卫生部门允许出售的卫生巾。购买时别忘了看生产日期和有效期。

④精神保养：经常保持精神愉快，适当参加文体活动（可多听音乐），可转移经期出现的烦躁、郁闷。保持心情舒畅能减轻月经期的不适，也能减少月经失调的发生率。

⑤饮食保养：少吃刺激性食物，多吃蔬菜和水果，保持大便通畅，免得盆腔充血。最好不饮浓茶、咖啡。注意适当休息，睡眠充足，防止过劳，注意保暖。

⑥适当劳动、锻炼：对于身体健康，月经正常的青少年宜做些比较缓和、运动量不大的体育运动。如广播操、乒乓球、羽毛球等活动，但不宜时间过长。避免剧烈运动，如耐力练习、快速奔跑、跳跃等。如有月经过多、痛经、月经失调等症状，经期不要参加体育课。

2. 乳房的发育和保健

（1）乳房的发育：在孩提时期，只长出乳头，乳房的其他部位是平的，光滑的。青春期时，乳房开始发育隆起，突出胸部的地方越来越多。乳房的大小由脂肪量决定的，体胖的人乳房大一些，体瘦的人乳房小一些。

（2）有关乳房发育的忧虑：

①乳房肿块。出现于乳房开始发育的蓓蕾阶段，表现是乳房下的一枚纽扣硬节。有的同学怀疑自己是否得了肿瘤，其实这是乳房发育中的正常现象，不必担心。

②痒、痛感觉。发育初期会有痒、痛感觉，尤其被内衣摩擦或受碰时会感疼痛。这些完全属正常发育，所有不适感均会自己逐渐消失。

③乳房发育的大小或速度不一致。一般乳房增大都是对称

的，少数人也可能一侧先开始，间隔几个月后另一侧才开始发育，这表现出一个人的两个乳房不一般大。这也不用担心，当发育到一定时期，两个乳房一般会长成一样大小的。只有极少数人两侧乳房大小不相同。

④乳头塌陷。指的是一个或两个乳头往里长，陷在乳晕里，而不是突出在外面。这种现象是天生的，但在青春期时才表现得很明显。青春期时，有的能长出来，有的则不能。塌陷乳头很容易感染，因而要特别注意保持清洁。每天要认真清洁乳头。

（3）乳房发育过程中不能束胸：有些同学见自己乳房大，不好看，难为情，就把胸束得紧紧的，其实这是非常有害的，会妨碍乳房的正常发育，影响将来的哺乳；影响心肺功能；内脏发育也会受到影响。

（4）忌过早用胸罩：女孩在乳房没有发育成熟之前（乳房上底部经乳头到乳房下底部的距离不足 16 厘米），不宜戴胸罩，否则会影响乳腺的正常发育和日后的哺乳功能。

（5）忌不及时用胸罩：女孩乳房发育成熟后，应及时使用胸罩。如果不及时使用胸罩，乳房就容易松弛，下垂，尤其是喜欢运动的女孩，过分伸张开的乳房就不能恢复到原来的形状，使乳房变形。所以要适时佩带胸罩。要选择大小适中的优质棉布胸罩，同时要勤洗换，保持清洁卫生。

（6）全面营养，以保证身体正常发育和乳房发育的需要。

（7）加强体育锻炼，经常做健美操或跳健美舞，可充分展现青春少女生机勃勃、健康向上的自然美。

3. 外阴部卫生

在乳房发育的同时，阴毛开始出现，起初少，细，色黄；以后渐多，粗，黑色。阴道内的分泌物增多（白带）。女孩每天要用温水清洗外阴部，内裤应每天换洗。清洗外阴一定要用干净的水。若不及时清洗，不但容易造成外阴部的炎症，而且还可能引起体内器官（阴道、子宫、卵巢）发炎。

4. 阴道分泌物（白带）

随着体内器官的迅猛生长，阴道内有水状分泌物流出，称之为"白带"，通常在女孩首次行经前一年左右出现。

阴道分泌物可能是无色的，也可能是白色的。在内裤上凝固之后，可能就会显出浅黄色，这是正常的，是女孩成熟的另一标志。

阴道分泌物是体内保持阴道清洁和健康的一种方法。阴道壁经常会有表层细胞的脱落，青春期时，阴道脱落细胞的速度加快，体内还会有少量液体来冲洗掉这些细胞。阴道分泌物就是死细胞和冲洗这些细胞的液体组成的混合物。

相关链接

1. 女生过早性行为的危害

（1）医学层面：婚前性行为、妊娠、堕胎、过早生育，都容易引起妇科疾病。

（2）教育学家、心理学家和法学家也对婚前性行为作出了一致评价：婚前性行为必然会妨碍一个人身心的健康成长，造成生理与心理双重性的危机，对人的个性结构、道德素质和价值取向等都有不良影响。苏联著名教育学家马卡连柯指出："少女过早地开始性生活，不仅在身体和精神上留下创伤，而且产生复杂的、病态的心理。"

（3）社会学层面：失贞少女与纯贞少女涉足危险行为的危机对比比率是：企图自杀6倍；离家出走13倍；被警察逮捕9倍；停学5倍；吸食毒品10倍。

（4）对一生的影响：少女婚前性行为及性乱对日后婚姻也会带来严重的问题与影响：将配偶与从前的性对象比较，易发生不忠于配偶的倾向或被丈夫嫌弃；传染性病的可能；离婚率高；未婚同居受男友虐待的比率是婚内丈夫虐待的比率的 50 倍。

2. 女生如何预防痛经

凡在月经前后或月经期间发生下腹部疼痛以致影响劳动及生活者称为痛经。

痛经的主要症状是月经来潮前 12～24 小时开始腰腹部疼痛，到月经来潮前数小时疼痛加剧，呈阵发性绞痛，并向会阴部、大腿部放射，同时还可出现恶心、呕吐。待经血排出后，疼痛即减轻，一般两三天后疼痛消失。

引起痛经的原因很多，一般都与心理精神因素有关，如情绪激动（生气）、抑郁、精神紧张等，有时过度疲劳、剧烈活动、淋雨、受凉、大量服冷饮等也可以引起痛经。少女和未婚女青年的痛经大都是原发性。这类痛经的严重程度与情绪有关。恐惧、紧张、忧虑、郁闷都会使疼痛加重。

痛经固然在月经过后会自然消失，但若不采取积极的预防措施，将会造成肉体和精神上的痛苦。首先要预防痛经的发生，做到平时加强体格锻炼、保持心情开朗。其次，患有原发性痛经的青少年应对月经生理知识有正确的认识，消除对月经的恐惧、紧张情绪，注意营养及经期卫生。另外，行经时避免过度劳累，少吃寒凉生冷或刺激性的食物，并避免淋雨或洗冷水澡、在冷水中劳动等。

经常痛经者平时可以服用一些调经片、痛经丸，疼痛较重时也可以服用去痛片等。

第三节　青春期生理困扰

一、青春痘

1. 出现青春痘的原因

（1）人体内雌雄激素比例失调，导致皮脂分泌过量，毛囊堵塞，从而形成痤疮。

（2）恶化的自然和社会环境。人与自然是一个整体，近几十年来，恶化的自然环境和快节奏的社会生活从一定程度上导致了人们内分泌紊乱。

（3）饮食结构的改变。饮食跟痘痘的生长有着很大关系，现代人的饮食以"肥甘厚味"为主，大大增加了长痘的机会。

（4）遗传因素。假使你的父母都曾经长痘，那你长痘的几率将很高，因为我们的体质很大程度是由遗传决定的。假使他们从没长痘而你长，那么你就要注意改善自己的饮食以及生活方式了。

（5）精神状态。精神紧张、压抑、抑郁、愤怒等都会很快反应在你脸上。

（6）不当减肥。饿肚子或靠含激素的药物减肥，这些都会改变你的体质，导致痘痘的出现。

此外，水土不服和某些妇科疾病也会导致痘痘的产生。

2. 青春痘的应对

（1）有一百个人长痘，就有一百种长法，就算你了解了足够多的治痘方法，你还是需要医生及时地给你确诊一下的，看看你属于哪种体质，并根据自己的体质对症下药。

（2）痘痘控制住了，但还要注意日常护理，可以多喝些菊花茶，清肺解毒，平时少跟人生气打架，心平气和，多吃素菜，最好戒一个月荤。必要的时候喝点枇杷膏。

教师提示

如何应对青春痘：

➤ 如果痘痘已经很严重，最好不要用什么硫黄皂。

➤ 青春期生理性的痘痘，只要不用脏手抠，过了青春期都会好，不会留痕。

➤ 生理期受外界刺激，比如吃辣、生气所长的，生理期过了就会好。

➤ 乱用化妆品造成的发炎，必须去医院。

➤ 再有就是体内缺乏某些物质引发的痘痘和皮肤过敏，尽量从饮食上调整，这样虽然见效慢，但是长期调养型的，如果不知道自己缺什么，就要做到什么都吃，不挑食（当然，忌口的不算）。

➤ 用无刺激性的香皂洗脸吧，不要洗太勤，一天两遍足够了，但是每次洗都要洗两遍，注意毛巾一定要干净，建议准备两块毛巾，这块擦过脸了就洗了晾起来，最好日晒，然后用另一块，两块轮着用。

➤ 饮食上要注意：多喝水，可以排毒；建议多吃西红柿和苹果，不要吃柑橘类的水果，容易上火；绿色的蔬菜每天要保证吃一碗；喝些绿茶或者菊花茶，每天喝；不要喝咖啡，也不要喝浓茶，糖分要少摄入，碳酸饮料也不要喝；多吃素，少吃油腻。

➤ 适当运动。水喝到一定量，多运动就多排汗，自然排毒，每天早上起来跑两圈，或者跳跳绳，不仅排毒，而且减肥健身，运动对一切的美容都有效果。

> ➤ 保持微笑，保持良好心情，脸上有痘不是世界末日，要想着世上还有多少人根本无暇为脸上是否有痘而烦恼呢！而且，你越怕它，它就越顽固，保持自信的心态，痘痘会被你吓跑！

二、青春期的体重

青春期是成长的关键时期，需要补充多种营养元素和能量，而因为女孩子在这个时期的特殊性往往又容易引起营养过剩，造成早期肥胖。如何在这个时期既营养补充全面，又不引起肥胖，需要把握以下三个关键点。

1. 生理变化

特点：进入青春期以后，身体发育很快，呈现出明显的第二性征，如身高、体重明显增长，女性乳房发育，身体逐渐丰满。

要注意的是，这一时期体重的增长，不仅包括脂肪细胞的体积增大，还包括细胞的继续分裂而导致的脂肪细胞数目增加，而增加的这些脂肪细胞将不再消失。所以，这一时期的体重管理对以后的体重有直接的影响。

对策：我们要正确看待青春期的体重增长。只要体重指数在允许的范围内，都属于健康的，这也是正常的生理特征。另一方面，要平衡膳食，合理运动，适当控制体重。但一定不要盲目减肥，比如不吃主食，只吃蔬菜水果，或采用其他对身体有害的减肥方法，那样一定会影响正常的发育。

2. 心理变化

特点：青春期处于人生心理的一个转型期，也是人的性格定型的关键时期，而这一时期学生的心理更是趋于复杂。容易与家人、朋友、老师的人际关系紧张，心理负担加重。

对于女生来说，首先是荷尔蒙引起的生理上的变化，比如身体外观变化、月经来临等事件困扰了自我感受。流行文化对青春期女孩子的影响巨大，她们很容易因体重的增加采取情绪化的极端对策。渐渐苏醒的对异性关注的渴望，与身体的渐渐成熟也使很多正在发育的少女不知所措。另外，由于两性智力水平发育上的差异，使这一时期的女孩在学习上不再有明显的优势，甚至呈现出弱势。这些变化都给这一时期的女性造成了一定的压力。

对策：青春期是性格和健康身体形成的关键时期。在体重方面，应该了解自然生理变化的必然性，不要为体重的增加而忧心忡忡。对于体重方面所产生的心理波动，也不要单纯地认为只是数字变化引起的，它伴随的可能有自信心、两性交往的隐藏问题。作为学生，应该学会通过运动和广泛的社会交往等积极的途径缓解压力，多与家人、同学、朋友、老师沟通，建立良好的人际关系与社会支持系统。

3. 生活方式

特点：饮食方面，由于处于生长发育期，食欲旺盛，尤其喜欢吃零食。课后几个女生凑一块儿，买点零嘴，这对她们来说无疑是课余最大的乐趣之一。而为了缓解各方面的压力，食物往往是她们发泄的对象，暴饮暴食也是经常的事情。很多人，尤其是女孩子到这个年龄，经常为了看电视和父母闹别扭，而看电视、吃零食也是她们享受的一部分。运动方面，进入青春期，女孩子明显偏好静，而这个时候，体重、体型的变化和月经来潮等使她们更加不爱运动，宁可整天坐在教室，也不愿出去走走，更不用说到操场运动了。

对策：营养均衡，两少两多——少吃瓜子、花生、薯片等零食，多吃水果；少吃含脂肪多的食物，多吃富含优质蛋白、维生素和矿物质的食物，如鱼、禽、蛋、奶、豆制品、蔬菜等，并积极参加适当的体育运动。

教师提示

➤ 不能用节食或药物的方式减肥。

三、青少年穿紧身裤的危害

女生穿紧身裤，对健康危害很大。女性阴道经常分泌一种能杀灭病菌的酸性液体，外阴部经常处于潮湿状态。穿普通的内裤和外裤，空气流通，潮气容易发散。如果穿紧身裤，湿气不仅不容易散发，而且还增加出汗，使下身发出一股难闻的气味。经常穿紧身裤，阴部长期处于闷热和潮湿的环境，细菌迅速繁殖就会引起炎症。在炎症刺激下会引起外阴瘙痒，有的还会感染阴道炎和尿路感染，产生尿频、尿急、尿痛等症状，给人带来痛苦。

紧身裤对男生的健康同样不利。据科学研究，男性阴囊里的睾丸，要在比体温略低的情况下才能产生精子，而阴囊有一种"热胀冷缩"的功能，在天热、天冷时使睾丸离开人体或贴近一些，维持睾丸产生精子的适宜温度。如果穿上紧身裤，阴囊长期贴近身体，就会使睾丸温度过高，影响精子的正常产生，有的还会导致男性不育症。

四、手 淫

手淫是指男女青年有意识地通过手或器具等刺激生殖器官以寻求性高潮的一种性行为。

许多青年始终处于手淫带来的矛盾冲突中，一方面是手淫快感的诱惑，另一方面则是手淫后的恐惧、内疚、罪恶感和自责。

实际上手淫本身是无害的，它是人类正常的生理行为。但在实际生活中，的确有不少青少年因手淫而影响了正常的生活，如沉湎于手淫之中不能自拔，认为自己手淫过度而忧心忡忡，把性器官的任何异常都归咎于手淫而悔恨交加，从而认为手淫是不好的，强迫自己戒除这个"恶习"却屡屡失败，产生了自我怀疑、自信心降低。

青春期随着性生理的发育成熟，会产生性冲动和性要求，出现性意识、性幻想、性憧憬和性饥饿状态；这段时间的性能量却是一生中最高的，而结婚又很遥远，所以需要宣泄，以缓解生理上的胀满感，解除性紧张带来的躁动不安，手淫作为最简单、最方便、最安全的宣泄方式成了许多青少年的自然选择。

"手淫过度"，这是医药广告中常用的名词。手淫是否适当并不取决于手淫的次数，而主要看你身心的承受能力。许多青少年之所以有强烈戒除手淫的要求，其根源还是在于认为手淫是罪恶的、有害的，因而感到恐惧、内疚，不安。其实，只要对手淫有了正确认识，并能以坦然的态度接受，则顺其自然即可，不必强迫自己戒除。

但不是说手淫就没有弊端。男孩过度依赖手淫来排泄坏心情，虽然可以暂时排遣抑郁，但这其实是对造成坏心情的原因的一种逃避，不敢正视现实；把手淫当做逃避之所，只会使人更加内向、消沉，不宜于心理的正常发育。而此时需要做的是改变性格上的缺点，以积极的行动来解决现实的问题。

手淫必然导致精力的消耗，过多的手淫自然会分散自己对学习、交往的注意力，不利于个人的全面发展。性是生活的一项重要内容，但绝不是一切，所以如果手淫影响了正常的学习与生活，就要适当地加以克制，把部分旺盛的性能量分流、升华，投入到事业、学习和娱乐中去，去追求人的更高层次需求的满足。

教师提示

➤ 减少手淫要讲方法，要尽量消除容易造成手淫的条件和环境。

➤ 应该避免一个人独处，多找朋友交往，多参加户外活动。因为越是在隐蔽的地方、越是无聊的时候，就越容易情不自禁地手淫。

➤ 尽量远离黄色材料。青少年对性有强烈的好奇心理，但应该通过对健康、科学的性知识的学习来满足；黄色材料不仅会带来过于强烈的刺激，而且还会传播一些错误的性信息，使人产生错误的性观念，危害不浅。

➤ 养成有规律的生活习惯，定时睡觉，早上醒后要尽快穿衣服起床。

➤ 多培养兴趣爱好、多参加集体活动、多交往，生活充实了，对性的关注也会减少。

五、雀 斑

雀斑是面部的一种常见皮肤病，多发生在脸部、颈部、手背等暴露部位，是一种物理性损伤性疾病。皮损多为针尖至芝麻大小的圆形或椭圆形淡黄色、褐色斑点，数目多少不定，或分散或密集，对称分布，互不融合，无自觉症状，病程缓慢持久。雀斑会随季节变化而变化，夏季或日晒后颜色加深，数目增多；冬季色淡，数目减少。

雀斑可早发于儿童，少数发自青春期，多数从成年开始发病，女性多于男性，同时带有家族史。尽管雀斑的具体发病机理目前医学界尚不十分明确，但可以肯定的是，雀斑与日晒、遗传、内分泌失调和营养因素密切相关，而暴晒，X光线、紫外线的照射可使皮肤黑色素活性增加，表皮基层底黑色素含量增多，从而促发雀斑或使其加重。同时，室内照明用的荧光灯也是出现雀斑的潜在隐患。

雀斑没有特效药。要治疗，就要具备坦然面对现实的心态，与其终日郁郁寡欢，耿耿于怀，不如一笑置之，毕竟女性是因可爱而美丽，不是因美丽而可爱。同时，采取一定的预防措施也必不可少，如尽量避免日光照射，春夏外出戴遮阳帽；出门前涂上防晒霜，不要滥用外涂药物等。另外，中医采用内外兼治的办法，内服中成药，外兼食疗法、药物涂敷等，也有一定效果。再有，应经常食用富含维生素的食品，如西瓜、蜂蜜、核桃、西红柿、胡萝卜、卷心菜、茄子等，以防患于未然。

六、变声期的保健

进入青春期后，出现一定时间的"变声期"。一般男孩从 15～16 岁开始，女孩从 12～14 岁开始。这时期特别要保护好嗓子，以免声带在变化中留下不良症迹。

教师提示

变声期保护嗓子的方法：

➤ 不要大声喊叫。因为剧烈、紧张的喊叫会使声带被拉得过紧，引起喉头和声带发炎，造成嗓音嘶哑；

➤ 不要勉强用力去尖声唱歌；

➤ 在唱歌、讲话后，不要马上喝冷水、吃冷食。因为喉部正处于组织充血、代谢旺盛的时候，如果突然给予冷的刺激，会损伤声带；

➤ 少吃辛辣味重的食物，饭菜不要过热过凉；

> ➤ 不吸烟，不喝酒。香烟中的有害物质直接刺激呼吸道黏膜，使喉黏膜充血肥厚，声带黏膜干燥、粗糙，引起血管扩张。饮酒，尤其是烈性酒，对嗓子更是有害。

视 野 拓 展

一、手机依赖

手机依赖在校园中形成了一个新的群体："拇指一族"。

一男生常笑说："如果有一天不带手机，我就会觉得身上缺少点儿什么似的，我的同学大部分都这样……"据调查，学生主要依赖的是手机的收发信息功能。常笑说："在手机短信里，我们拥有一个自己的世界，一个谁也管不着的'自治区'。哪怕上着课，我也忍不住拿出手机悄悄看一眼有没有信息发过来……"

"手机依赖症"是一个新型的心理问题，如果能主动发觉，一般是能够克服的，但如果陷入手机依赖症而不自知，时间长了，可能会影响人格的发展，并可能造成严重的后果。

强烈关注短信也是手机依赖症的一种表现，它的侵犯对象主要是学生，学生们对手机的依赖主要缘于追随沟通潮流的心理。我们的学生正处于"青春期的中期"，其愿望是希望早日摆脱父母，早日建立自己的人际关系网络，满足自己对感情、事业的追求。要解决的主要心理任务是弄清"我是谁？""我属于什么团体？""我的人生目标是什么？"这样三个问题。主要的心理特点是叛逆、焦虑与多变。青少年正处于思想、行为趋向完善的关键阶段，他们爱时尚，容易被潮流左右，他们不懂社会交往的规则但沟通的愿望又日趋强烈，这种矛盾促成了更多人—机界面的交流。但如果手机交流取代了直接交流，对他们的人格完善和集中学习注意力有害无益。

 **教师提示**

使用手机的注意事项：
➤ 尽量使用直接交流的方法，因为面对面沟通能够通过双方的表情与身体语言而更加准确地接收交流的信息。
➤ 定时开机。
➤ 在公共场合注意关机。
➤ 明确盲目追随潮流只能给学习和人格带来负面影响；要学会自我控制，懂得要适时、适度享受高科技给现代学生生活带来的便利，明确什么时候可以使用，什么时候不该使用。

 **知识小贴士**

测测看，你或你身边的手机持有者是否患有手机依赖症？
（1）你是否总是把手机放在身上，如果没带就会感到心烦意乱，无法做其他事情？
（2）当一段时间手机铃声不响，你会不会感到不适应，并下意识地看一下手机是否有未接电话？
（3）你会不会总有"我的手机铃声响了"的幻觉，甚至经常听到别人的手机铃声，而认为自己的手机在响？
（4）接听电话时你是不是常觉得耳旁有手机的辐射波在环绕？
（5）你是否经常下意识地找手机，不时拿出手机看看？

（6）你是不是在上课等要求关机的场合，会采用折中的办法——将铃声设置为"振动"，却依然不放心而一遍遍悄悄察看？

如果超过一半以上的答案是"是"，持机者应注意从依赖症中解脱出来。

二、网　瘾

"网瘾"又为互联网成瘾综合征（简称 IAD）。即对现实生活冷漠，而对虚拟的网络游戏、情爱、信息等沉溺、痴迷。网瘾具体可分为网络交际瘾、网络色情瘾、网络游戏瘾、网络信息瘾和网络赌博瘾等类型。

1. 网瘾的成因

网瘾产生的主观原因是：性格内向、自制力差、无成就感、自卑、自闭、压抑、好奇、缺少朋友，因为网络可以满足其在现实生活中得不到的东西。如：发泄、张扬、友情、爱情、风光和成就感等。客观原因包括家庭、学校与社会：批评多、要求严、沟通少、受伤害、得不到尊重；计算机普及快，而教育、娱乐的正面软件开发滞后。

网瘾综合征患者的最主要表现是：上网时精神兴奋，心潮澎湃，欲罢不能，时间失控。沉溺于网上聊天或网上互动游戏，并由此而忽视与社会的交往、与家人的沟通，甚至对上网形成越来越强烈的心理依赖，以致不能分离。

2. 网瘾的危害

（1）诱发说谎、隐瞒上网的情况和程度、偷钱或盗用别人账号上网。

（2）影响身体健康。造成青少年视力下降、生物钟紊乱、神经衰弱等生理特征。不能维持正常的睡眠周期，停止上网时出现失眠、头痛、注意力不集中、消化不良、恶心厌食、体重下降。还会诱发心血管疾病、胃肠神经官能症、紧张性头痛等病症。

（3）扭曲人格。会出现品行障碍，诱发孩子逃学、不与人交往、脾气暴躁，产生攻击行为、无视亲情等反常行为。一些人甚至会滑向犯罪的深渊。

（4）荒废学业。

（5）导致青少年出现情绪障碍和社会适应困难。在心理方面，会出现注意力不能集中和持久，记忆力减退，对其他活动缺乏兴趣，为人冷漠，缺乏时间感，情绪低落且不稳定、易怒、多变，没有自控能力、自己做的承诺不能兑现。

（6）一些青少年网民过分迷恋与网上的"人—机"式交往，会忽视真实存在的人际关系，产生现实人际交往萎缩和角色错位的现象，很多上网成瘾者与他人甚至是父母的沟通较差。

（7）在网络欺骗、赌博、色情、人身攻击、反动言论、犯罪行为以及各种网络垃圾中受到伤害。

知识小贴士

网瘾的识别：

如何判断自己是否患了网瘾综合征呢？比照以下标准，便可自我诊断。

（1）每天起床后情绪低落，头昏眼花，疲乏无力，食欲不振，或神不守舍，而一旦上网便精神抖擞，百"病"全消。

（2）上网时表现得神思敏捷，口若悬河，并感到格外开心，一旦离开网络便语言迟钝，情绪低落，怅然若失。

（3）只有不断增加上网时间才能感到满足，从而使得上网时间失控，经常比预定时间长。

（4）无法控制去上网的冲动。

（5）每看到一个新网址就会心跳加快或心律不齐。

（6）只要长时间不上网操作就手痒难耐。有时刚刚离网就有又想上网的冲动。有时早晨一起床就有想上网的欲望。甚至夜间趁小便的空也想打开电脑。

（7）不能上网时便感到烦躁不安或情绪低落。

（8）平常有不由自主地敲击键盘的动作，或身体有颤抖的现象。

（9）对家人或亲友隐瞒迷恋因特网的程度。

（10）因迷恋因特网而面临失学、失业或失去朋友的危险。

如果有以上标准中 4 项或 4 项以上表现，且持续时间已经达 1 年以上，那么就表明你已经患上了 IAD。

教师提示

网瘾的防控：

互联网成瘾综合征完全是人为的，只要加强自我保健，便可防止此病发生。

➤ 在上网时间上要自我约束，特别在夜间，上网时间不宜过长。

➤ 注意操作姿势。荧光屏应在与双眼水平或稍下位置，与眼睛的距离应在 60 厘米左右；敲击键盘的前臂呈 90 度；光线柔和不可太暗；手指敲击键盘的频率不宜过快。

➤ 平时要丰富业余生活，比如外出旅游，和朋友聊天，散步，参加一些体育锻炼等。

> ➤ 在饮食上要注意多吃一些胡萝卜、荠菜、芥菜、苦瓜、动物肝脏、豆芽、瘦肉等含丰富维生素和蛋白质的食物。
> ➤ 出现早期症状，应及时停止操作并休息。
> ➤ 一旦出现 IAD，不要紧张，要尽早到医院诊治，必要时可安排心理治疗。

讨　论　与　活　动

　　某学生在领到国家助学金的当天就到某网吧上网，连续上网时间达到五天五夜。

　　1. 讨论方式：

　　可以按学习小组；可以让学生自愿组合；可以分成男、女生组。

　　2. 教师指导学生阅读有关内容。

　　3. 讨论要点：

　　（1）什么人容易疯狂上网？（疯狂上网的个性特点）

　　（2）疯狂上网的危害。

　　（3）我们应该如何做到健康上网？

　　4. 鼓励学生多说，不必求全责备，但在讨论结束前注意归纳。

第三讲 职业生活与劳动关系基本知识

青年学生走入社会后，在应聘和就业中往往会遇到很多问题，如在应聘的时候不知道用人单位需要什么样的人才，不知道应该如何展示自己的综合素质；会遇到用人单位不与自己签订劳动合同或只与自己签订试用期合同，会遇到用人单位随意解除劳动合同，会遇到用人单位要交纳押金和保证金，要交身份证、毕业证、执业资格证等问题。我们应该怎样对待这些问题呢？在本部分的内容中，我们将和大家一起来学习和探讨这些问题。

基 本 知 识

第一节 职业生活的基本知识

一、职业基本知识

职业是人们在社会生活中对社会所承担的特定职责和从事的专门业务，并以此作为主要生活来源的活动。职业是随着社会分工而出现的。劳动创造了人类，也创造了社会分工，社会分工形成了不同的职业。职业是劳动者的谋生手段，是劳动者生活的主要来源，劳动者在职业活动中为社会创造了财富，社会按照一定的标准给劳动者以一定的报酬，劳动者以这种报酬作为自己和家人的主要生活来源。职业因岗位不同、劳动的复杂程度不同，所获得的劳动报酬也不同。职业是劳动者为社会作奉献的岗位，劳动者在职业活动中为社会创造一定的财富，为社会作出自己的贡献。职业是劳动者实现人生价值的舞台，劳动者在职业活动中为社会创造一定的财富，得到社会的认可，获得一定的社会角色，实现劳动者的人生价值。职业活动是人们最基本的社会实践活动。与其他社会活动相比较，职业有以下特征：

1. 多样性

职业在社会分工中产生，随着社会的发展，社会分工越来越细，职业的种类也越来越多，职业体现出明显的多样性。在古代就有"三十六行"、"七十二行"、"三百六十行"之说，说明在古代就有各种各样的职业。根据联合国的分类标准，共有 1 500 多种职业。加拿大的职业分类最细，其将职业分为 67 000 多种。我国的职业分类将职业分为 1 800 多种。随着社会的发展，职业的种类将会更加丰富。我国现在正处在社会大变革的时期，随着社会的转型、社会结构的调整、城乡结构的改变、产业结构的调整和升级以及我国国际化的加速推进，将会有越来越多的新职业出现。职业的多样性，给人们就业提供了更多选择的机会，特别是我国现在兴起的各种各样的职业资格考试，为青年学生选择职业提供了越来越多的选择空间。青年学生可以通过各种职业资格考试，获取尽可能多的职业资格，为就业多作些准备。

2. 专业性

由于职业的多样性，不同的职业不论对职业规范还是职业技能都有不同的要求，这使职业显示出明显的专业性。俗话说隔行如隔山，不同职业的职业技能要求千差万别。随着社会的发展、科技的进步，劳动的专业化越来越高，职业的专业性也越来越强。职业的专业性使职业教育和高等教育显示出专业特色，学校根据社会的需要设置各种各样的专业，我国中等职业学校现有270 多个专业，可供青少年选择的专业比较多。在选择专业的时候，青少年要根据自身的实际情况、人际关系状况和社会的需求来选择。在专业选择时，还要考虑社会的发展和未来的职业发展，要作出有前瞻性的选择。随着社会的发展和科技的进步，即便是同一个专业，技能的要求也在不断地变化，所以，青少年要培养终身学习的观念，不断学习，不断提高自己的知识技能结构，只有这样，才能适应社会发展的要求。同时，青少年应该树立一专多能的观念，既选择一个专业方向，又打下坚实的文化基础，以便培养自己多方面的能力。而且，虽然专业各有特点，但各种专业之间是有一定的联系的，甚至有些不同的专业是相通的，只要加强学习，青少年完全有能力胜任不同的工作。

3. 时代性

职业在社会分工中产生，随着社会的发展而发展，不同的时代，职业体现出不同的特征和要求。不同的时代有不同的职业，同一个职业在不同的时代要求也完全不一样。不同的时代和历史背景下，职业的状况也完全不同。在一定的时代流行或受人们推崇的职业在另外的时代可能完全不一样，在一定时代受冷落的职业在另外的时代可能又大受欢迎。青年学生在选择职业时，要深刻把握时代的特点和发展的趋势，选择既有现实需要又有发展前途的职业，要尽量避免那些一时流行却没有发展前景的职业，尽量不要去选择那些太流行而竞争过于激烈的职业。当然，任何一个时代，社会对职业都有一定的道德和法律的限制，青年学生不能去选择那些与社会发展相违背、与时代要求格格不入、违反道德和法律的职业。

除了以上基本特征以外，职业还有经济性、稳定性、技术性等特征。

二、职业规范

职业规范就是人们在职业活动中应该遵守的准则。任何职业都有相应的职业规范，任何人在职业活动中也都应该遵守一定的职业规范。虽然各种职业有各自特殊的职业规范要求，但是有一些规范是所有的职业都应该遵守的，这就是职业活动的共同规范。职业活动的共同规范就是所有的职业活动都应该遵守的准则。不同的时代、不同的国家对于职业活动的共同规范有不同的要求，在我国现阶段的历史条件下，职业活动的共同规范应该包含以下内容：

1. 爱岗敬业

爱岗敬业就是热爱和珍惜自己的工作岗位，敬重自己的事业，对自己的工作认真负责。

首先，要求劳动者热爱自己的工作岗位，也就是要"乐业"。俗话说，热爱是最好的老师，只有对自己的工作充满热爱、满怀热情，人们才会把全部的精力和智慧放到自己的工作上，才能圆满地完成自己的工作任务。

其次，劳动者要珍惜自己的工作岗位，努力把自己的工作做好，也就是要"勤业"。现代社会竞争激烈，工作岗位来之不易，劳动者应努力地、有创造性地把自己的工作做好，在自己的岗位上既为社会作出应有的贡献，也获得自己应有的劳动报酬，实现自己的人生价值。

第三，劳动者应尊重自己的事业，也就是要"敬业"。不管从事何种职业，只要是法律和道德允许的，就没有高低贵贱之分，都是为社会提供劳动并获得劳动报酬。劳动者只有自己先尊重自己的职业，对自己的工作尽职尽责，把自己的工作做好，才能得到社会的认可和尊重。只要劳动者投入自己的智慧和汗水，再小的工作也可以做得有声有色，再小的工作也可以作出大贡献。青少年在参加工作以后，一定要克服不切实际的想法，不要一心想着干大事而忽视了脚踏实地，要知道所有的大事业都是从小事情开始的，都是由小成绩积累的。俗话说"一屋不扫何以扫天下"、"不为小事者不足与谋大事"就是这个道理。

第四，劳动者要努力丰富自己的职业知识，提高自己的职业技能，也就是要"精业"。社会的发展、技术的进步以及人们对产品和服务的要求越来越高，这要求劳动者要不断地钻研业务，提高技能，有创造性地履行自己的职责，只有这样才能适应社会发展的要求，才不会被社会淘汰。

2. 团结协作

团结协作就是在职业活动中要相互团结、相互支持、相互帮助、通力协作。

科学技术的不断发展使社会分工不断细化，要为社会提供优质的产品和服务，靠单个的劳动者已经不可能实现，只有团结协作，才能更好地完成自己的工作任务。具有协作精神是现代劳动者应具备的基本素质。

团结协作要求劳动者在工作中要做到：

第一，要团结一切力量，形成合力，要化解不和谐的因素，将力量的内耗降到最低，将各种力量引向共同的目标。

第二，要协调好各行业、各单位、各部门的关系，协调好和上级、同事、下级的关系。

第三，要建立良好的人脉关系，利用好各种力量做好自己的工作。

第四，要善于求同存异，在允许个性差异中找到共同性，既允许个性的张扬，又形成共同的力量，为实现共同的目标共同努力。

3. 服务社会

服务社会就是劳动者在职业活动中用自己的知识和技能为社会和群众提供优质的产品和服务。

一切职业都是为社会和他人提供服务，只存在服务类别的不同，不存在地位的高低。所有的人既是服务者同时又是服务的接受者，当我们作为服务的接受者时总希望得到最好的服务，反过来，当我们作为服务者为他人提供服务时，也应该为他人提供最好的服务。

第一，服务社会要求劳动者树立服务理念。明确我们不管从事什么职业，不管这个职业的收入有多高，不管这个职业有多稀缺，不管这个职业的权力有多大，不管自己在领导岗位还是在普通岗位，都是在为社会和他人提供服务，都是服务员，因此就应该热情地投入工作、努力地做好工作、负责地完成工作。

第二，服务社会要求劳动者克服一切特权思想。克服特权思想与树立服务理念是相辅相成的，要树立服务理念就要克服特权思想。要抛弃历史上和旧的计划经济时代的那些特权思想。特别是公共权力的行使者要做到权为民所用、利为民所谋，不能滥用手中的权力，更不能以权谋私。不能官僚主义，高高在上，要把自己放在人民服务员的地位，真正做到为民谋利、为民服务。其他的劳动者，如医生、教师等利用公共服务资源的人和拥有垄断经营地位的人也不因为自己拥有一定的公共服务资源和垄断经营地位就不摆正自己的位置，把自己凌驾于服务对象之上。

第三，服务社会要求劳动者为服务对象提供优质的产品和服务。为自己的服务对象提供服务是每个职业劳动者的义务，为服务对象提供优质的产品和服务是劳动者的职业要求，也是劳动者单位和自身发展的唯一办法，只有以高超的技能高效地为社会和他人提供价廉物美的产品、热情周到的服务，劳动者所在的单位和劳动者自己才能得到社会和他人的认可，才能在竞争中立于不败之地。

4. 办事公道

办事公道就是劳动者在职业活动中要公平、公正地对待每一个人。

办事公道是职业规范的基本要求，它要求劳动者在职业活动中做到以下要求：

第一，公平、公正对待每一个服务对象。在劳动者为服务对象提供服务时，每一个服务对象都是平等的，对所有的服务对象，要做到不分国家、不分种族、不分民族、不分性别年龄，一视同仁，做到妇孺同等、老幼无欺。

第二，要照章办事，不徇私枉法。在职业活动中，劳动者特别是拥有一定公共权力的人，一定要做到照章办事，不徇私枉法，不能因情废法、不能因利枉法、不能"下人情雨"、不能"刮后门风"。

第三，要克服媚权思想、拜金主义和崇洋媚外的思想。对于服务对象，无论他有无权力、财富多少，要平等对待，无论他来自哪一个国家，都应同等对待。

第四，要做到质价相当、买卖公平。不能以假充真、以次充好，不能坑害群众、牟取暴利。

5. 诚实守信

诚实守信就是要真心诚意、实事求是，遵守诺言、讲究信用。

诚实守信是中华民族的优秀传统美德，也是传统的商业美德。它要求一切职业的劳动者在职业活动中做到以下要求：

第一，要真诚待人。要真心实意地对待每一个人，不管是我们的服务对象还是我们的上级、下级、同事，都要真心地对待，不虚情假意。

第二，要做老实人、办老实事。在职业活动中，要实事求是，不欺上瞒下，要老老实实做人，认认真真办事。

第三，要遵守诺言、信守合同。在职业活动中，要对自己的承诺负责，对于自己承诺完成的工作，无论困难有多大，都一定要完成，否则就会失信于上级、失信于同事；对于与其他单位和个人的合同，要全面切实地履行，否则就会失信于社会和他人。

一个人在单位和社会一旦失去信用和信誉，将无任何立足之地，更不用说要去实现自己的人生价值。

案 例

小李中专毕业了，参加了许多招聘会，但都没有找到合适的工作，这一天，小李又来参加一个公司的招聘，这个公司这次招聘的职位待遇很诱人，小李作了充分的准备，精神饱满地来到了这个公司的招聘现场，递交了自己的简历，工作人员叫他在现场等候。现场人很多，有点儿乱。小李等了很久，感到有点累，便在休息椅上打起了盹。突然，公司的人出来宣布说人已经招满了。小李觉得很奇怪，怎么也没见公司的人来和应聘者谈话，就已经招满人了。小李以为这个公司是骗人的，很失望，回家的路上一路抱怨自己运气不好。后来小李听人说，这个公司那天的确录用了一批员工，小李不明白自己到底为什么又没有被录取。

分 析

经过了解，这个公司招聘当日，招聘人员就在现场，和应聘者混在一起，他们在应聘者中观察应聘者的一举一动，从中判断应聘者的素质并确定了录用的人员。对于那些在招聘现场不遵守秩序的、有不文明行为的、不会互相帮助的以及有其他不好的行为表现的应聘者，首先就被列为不予招聘的对象排除在招聘考虑对象之外了。

教师提示

➢ 人的素质是多方面的，除了专业素质以外，还有很多素质，如文明素质、文化素质、道德素质、健康素质等，而且，专业素质要在职业活动中才能体现，而其他如文明素质和道德素质等却更容易在一般场合体现出来，青少年要从小做起，从现在做起，培养自己做人的基本素质，养成良好的行为习惯。

第二节　劳动合同的基本知识

　　人们在参加工作之前，了解一些《中华人民共和国劳动法》（以下简称《劳动法》）和《中华人民共和国劳动合同法》（以下简称《劳动合同法》）的基本知识，对于求职过程中和参加工作之后依法保护自己的劳动权利非常重要。《劳动法》和《劳动合同法》确立了保护劳动者的合法权利的基本宗旨，并对劳动者的权利、用人单位的义务、对劳动者的保护、劳动合同等内容进行了明确的规定。

一、我国劳动法的基本知识

　　《劳动法》是调整劳动者和用人单位之间的劳动关系的法律规范的总称。我国《劳动法》规定了以下主要内容：

　　1. 确立了保护劳动者合法权益的第一立法宗旨

　　立法宗旨是一部法律的核心，是一部法律的根本目的。我国《劳动法》把保护劳动者合法权益确定为第一宗旨，表明我国法律在处理劳资关系时侧重于保护劳动者的权益。《劳动法》在确立保护劳动者合法权益为《劳动法》的第一宗旨之外，还规定了其他立法宗旨，如调整劳动关系、建立适应社会主义市场经济的劳动制度、促进社会经济发展等。

2. 规定劳动者的权利义务

《劳动法》的主要内容之一就是规定劳动者的权利，我国《劳动法》规定，劳动者有以下权利：

（1）平等就业权。即劳动者有平等就业、同工同酬、不受职业歧视的权利。

（2）选择职业权。即劳动者享有选择就业行业、就业单位、具体工作的权利，用人单位不能违法限制。

（3）获得劳动报酬权。即劳动者享有获得合同约定或法律规定的报酬的权利。用人单位不能拒付或拖欠。

（4）休息休假权。即劳动者带薪休息休假的权利，安排劳动者加班的要依法支付加班工资。

（5）劳动安全卫生保护权。即劳动者在劳动中享有获得相关安全卫生保护的权利。用人单位要保证劳动环境安全卫生，避免劳动者在劳动中受到伤害。

（6）职业技能培训权。即劳动者依法享有国家或用人单位提供的职业技能培训的权利。

（7）社会保险福利权。即劳动者在失业、退休、患病、生育、工伤等情况下享有的社会保险福利权利。这是劳动者的就业保障，是国家社会保障制度的重要内容，用人单位必须为劳动者缴纳社会保险金，不得以任何理由不履行这一义务。

（8）提请劳动争议处理权。即劳动者在与用人单位发生劳动争议时，有权提请相关机构进行裁决。

劳动者在享有这些权利的同时，应履行完成劳动任务、提高职业技能、执行劳动安全卫生规程、遵守劳动纪律和职业道德的义务。

3. 规定劳动合同的主要内容

我国《劳动法》的又一主要内容是规定劳动合同的相关内容，这一内容我们在后面讲。

4. 规定了工作时间和休息休假的制度

我国《劳动法》规定，劳动者每天工作时间不超过 8 小时，每周工作时间不超过 44 小时。

我国《劳动法》规定，国家法定节假日劳动者享有带薪休假的权利，目前我国的法定节假日为：元旦 1 天，春节 3 天，清明节 1 天，国际劳动节 1 天，端午节 1 天，中秋节 1 天，国庆节 3 天。

对于因特殊情况需要加班的，我国《劳动法》明确规定要依法向劳动者支付加班工资，加班工资的标准为：延长工作时间的，支付不低于 150% 的工资；安排劳动者休息日加班又不能安排补休的，支付不低于 200% 的工资；安排劳动者节假日加班的，支付不低于 300% 的工资。

5. 规定工资制度

我国《劳动法》规定，劳动者工资在按劳分配和同工同酬的原则下要以货币形式按月支付，并且要遵守国家有关最低工资的规定。用人单位不足额按时支付工资的，劳动者可以向有关行政机关投诉，也可以提请劳动仲裁或向人民法院起诉。

6. 规定劳动安全卫生保护的内容

《劳动法》规定用人单位在劳动安全卫生保护方面要履行以下职责：

（1）建立健全劳动安全卫生制度，执行国家劳动安全卫生规程和标准，对劳动者进行安全卫生教育；

（2）劳动安全卫生设施要符合国家标准；

（3）提供劳动安全卫生防护用品；

（4）禁止强令冒险作业；

（5）特种职业必须经过专门机构培训并取得执业资格。

《劳动法》在规定用人单位的安全卫生职责的同时，也要求劳动者在劳动中要遵守安全操作规程，遵守单位的安全管理规定。

7. 规定女职工和未成年职工的特殊保护制度

我国《劳动法》规定了对女职工的特殊保护制度：

（1）禁止安排女职工从事矿山井下劳动和第四级体力劳动强度的劳动；

（2）禁止安排女职工在经期从事高处、低温、冷水作业和第三级体力劳动强度的劳动；

（3）禁止安排女职工在孕期从事第三级体力劳动强度的劳动和孕期禁忌的劳动，对怀孕七个月以上的女职工不得安排加班和夜班劳动；

（4）女职工有不低于 90 天的带薪休产假的权利；

（5）不得安排哺乳期女职工从事第三级体力劳动强度的劳动和其他哺乳期禁忌的劳动，不得安排哺乳期女职工加班和上夜班。

我国《劳动法》还规定不得安排已满 16 周岁未满 18 周岁的未成年职工从事矿山井下、有毒有害、第四级体力劳动强度的劳动和其他未成年人禁忌的劳动。

8. 规定劳动者的社会保险和福利

我国《劳动法》规定国家建立社会保险制度和保险基金制度，由用人单位和劳动者按比例缴纳社会保险费，劳动者在退休、患病负伤、因工负伤和患职业病、失业、生育情况下，享受相应的社会保险福利。

目前，有很多用人单位不为劳动者缴纳社会保险金，这是严重违反劳动法的行为，劳动者可以向相关劳动行政主管部门进行投诉，以保护自己的社会保险福利权。

9. 规定劳动争议的解决方式

我国《劳动法》规定当劳动者和用人单位发生争议时，可以由用人单位的劳动争议调解委员会调解；也可以不经过调解直接在发生劳动争议之日起 60 日内向劳动仲裁委员会申请仲裁；如果不服仲裁的，可以在收到仲裁裁决之日起 15 日内向人民法院起诉。

10. 规定违反劳动法的法律责任

《劳动法》规定，对于违反劳动法侵犯劳动者合法权益的行为，劳动者可以向政府劳动行政主管机关和司法机关举报，由相关机构追究责任人的行政责任或刑事责任。

《劳动法》还规定了其他如促进就业、劳动监察等内容。

二、劳动合同的基本知识

劳动合同是劳动者和用人单位之间就确立劳动关系、明确双方权利义务所达成的协议。我国《劳动合同法》规定，劳动合同应具备以下主要条款：

1. 劳动合同期限

在劳动合同中要约定劳动合同的起止日期。目前，我国劳动合同按期限可分为有固定期限劳动合同、无固定期限劳动合同和以完成一定的工作内容为期限的劳动合同。

2. 工作内容

指劳动者的工作岗位和所从事的具体工作。

3. 劳动保护和劳动条件

指工作时间、休息休假、安全卫生、女职工和未成年职工的特殊保护、职业培训、社会保险和社会福利等内容。

4. 劳动报酬

指劳动者的劳动报酬的具体数额、计算方法、支付时间等内容。

5. 劳动纪律

指劳动者应遵守的用人单位的规章制度。

6. 劳动合同终止的条件

在劳动合同中，可以约定劳动合同终止的条件。还可以约定解除劳动合同的情形。

对于解除劳动合同的情形，我国《劳动法》和《劳动合同法》有明确的规定。

在劳动合同的解除上，我国《劳动法》的规定对劳动者非常有利。《劳动法》规定，劳动者可以和用人单位协商解除劳动合同，协商不成的，劳动者提前 30 天书面通知用人单位，可以解除劳动合同，并没有规定其他条件。如果在下列情形之一的，劳动者可以随时要求解除劳动合同，不需要提前 30 天书面通知用人单位：

（1）在试用期内。

（2）用人单位以暴力、威胁或者非法限制人身自由的手段强迫劳动的。

（3）用人单位未按照劳动合同约定的义务支付劳动报酬或者提供劳动条件的。

劳动法也规定了用人单位可以单方解除劳动合同的情形，劳动者有下列情形之一的，用人单位可以单方解除劳动合同：

（1）在试用期间被证明不符合录用条件的。

（2）严重违反劳动纪律或用人单位的规章制度的。

（3）严重失职，对用人单位利益造成重大损害的。

（4）被依法追究刑事责任的。

《劳动法》还规定，如有以下情形之一的，用人单位提前 30 天书面通知劳动者本人后，可以解除劳动合同：

（1）劳动者患病或非因工负伤，医疗期满后，不能从事原工作也不能从事用人单位另行安排的工作的。

（2）劳动者不能胜任工作，经过培训或者调整工作岗位，仍不能胜任的。

（3）劳动合同签订时所依据的情形发生重大变化，致使原劳动合同无法履行，经当事人协商不能就变更劳动合同达成协议的。

我国《劳动法》规定，劳动者有下列情形之一的，用人单位不得解除劳动合同：

（1）因患职业病或者因工负伤被确认丧失或部分丧失劳动能力的。

（2）患病或者非因工负伤，在规定的医疗期内的。

（3）女职工在孕期、产假期、哺乳期内的。

（4）法律、行政法规规定的其他情形。

7. 违反劳动合同的责任

主要约定双方违反劳动合同应承担的相应法律责任。违反合同的法律责任的约定不能违背法律的规定。

除了以上必备条款以外，劳动者和用人单位还可以约定其他条款，例如试用期条款、保密条款、竞业条款、特殊技能培训、带薪学习条款等。

在劳动合同中，充分体现保护劳动者权益的立法宗旨，我国《劳动法》和《劳动合同法》均明确规定，一切限制劳动者合法权益的条款都是无效的，例如劳动者在合同期间不能结婚、不能怀孕的条款，对劳动者发生工伤和职业病单位不负责任的条款，要求劳动者放弃最低工资和劳动保险的条款，试用期超过法律规定的条款，要求劳动者交纳押金、保证金的条款，加班不按加班工资规定支付报酬的条款等。这些条款都是无效的，劳动者不必履行这些条款的约定，而用人单位不能抗辩劳动者的合法权利，不能减轻或免除自己的责任。

案　例

小王在一个公司工作已经五年了，由于对公司的安全生产条件不满意，小王提了意见，公司还是没有改进，小王决定辞职，向公司递交了书面辞职书后，公司同意了小王的辞职，但以是小王自己要辞职为由，不给小王任何经济补偿。小王还发现，五年中，公司一直没有给自己缴纳社会保险，小王向公司提出了异议，公司以小王与公司签订过协议不要社会保险为由拒绝给小王补办社会保险。小王咨询了律师后，向劳动仲裁委员会申请仲裁，要求公司依法支付补偿并补办小王的社会保险。劳动仲裁委员会支持了小王的请求。公司又向人民法院起诉，人民法院也支持了小王的请求，驳回了公司的起诉。

分　析

小王的要求是合法的，而公司的辩解是不对的，因为我国劳动法和劳动合同法规定，与劳动者解除劳动合同的，用人单位应按照劳动法的规定对劳动者予以补偿，不能因为是劳动者提出解除劳动关系就能免除用人单位的补偿义务。同时，用人单位与劳动者签订的劳动者不要社会保险的协议也违反了劳动法和劳动合同法的规定，是无效的，用人单位一样要为劳动者补办社会保险。

教师提示

> 劳动法确立了保护劳动者合法权益的根本宗旨，一切限制劳动者的权利、减轻或免除用人单位的义务的约定或用人单位内部规定都是违法的，没有法律效力。劳动者在自己的权利受到侵犯时，要及时咨询法律专业人员，通过法律途径保护自己的合法权利不受侵犯。

视 野 拓 展

一、职业素质

职业素质是劳动者在一定先天禀赋的基础之上，通过学习形成的在职业活动中发挥作用的内在基本品质。专业知识和专业技能是职业素质的核心，但不是全部，除了专业知识技能素质以外，思想道德素质、身心健康素质、文化知识素质等也是职业素质的重要内容。

1. 专业素质

专业素质包括专业知识和专业技能两方面，它是职业素质的核心，劳动者的职业能力和能做出的职业业绩的大小主要取决于他的专业知识和专业技能。在现代社会中，没有一定的专业知识和专业技能，就不可能获得稳定的职业，即使获得了一个工作岗位，也不可能做出好的成绩。青年学生在就业前，应给自己准备好较强的专业知识和专业技能，只有这样，才可能获得就业的机会，在就业以后，要树立终身学习的观念，在工作中不断学习和提高，让自己拥有精深的专业知识和精湛的专业技能，只有这样，才能在社会的发展变革中立于不败之地，才能在职业活动中创造优秀的业绩，也才能不断提高自己的待遇、改善自己的生活、体现自己的价值。可以说，专业素质决定了一个人可不可能成就一番事业。

2. 思想道德素质

思想道德素质是人们对事物的看法和在社会生活中的品行的总和。它不仅是劳动者的职业素质要求，也是人之所以成为人的基础。思想道德素质要解决的是劳动者观念和品行的问题，如我是谁、为谁工作、工作动机、价值取向、价值标准等问题。就职业素质而言，思想道德素质决定了一个人的工作态度、工作积极性、创造性。我们经常听到这样的话："不会做事可以教会，不会做人就没有办法。"可见思想道德素质之重要。可以说思想道德素质决定了一个人会不会成就一番事业。

3. 文化素质

文化素质是人们对自然、社会、思维、语言文字等基本的文化知识的学习掌握程度。文化素质是一个人的基本素质，它可以决定一个人的品位层次，也是一个人专业素质提高的基础，要学习专业知识技能，必须借助一定的文化知识，有了文化知识作为基础，就可以不断地学习提高专业知识和专业技能，还可以去学习、掌握新的知识技能，选择新的就业方向。一些中等职业学校推行宽基础、薄模块教育，为中等职业学校的毕业生奠定较好的文化基础，以便学生未来能有更宽的发展空间。这种教育培养理念是看到了基础文化知识对青少年未来发展的重要性，是一种有益的教育培养模式。可以说，文化素质决定了劳动者的学习能力，进而决定劳动者的未来发展空间。

4. 身心素质

身心素质包括身体素质和心理素质。身体素质是指人的生理健康状况，心理素质则是指人的情感、意志、社会认同等内在的个性品质。健康的身体是人的一切素质的载体，没有健康的身体、充沛的精力，就不可能去完成艰苦繁重的工作，就难以在现代激烈的就业竞争中占据优势。健康的心理素质对于人的发展更是起着极其重要的作用。健康的心理包含着良好的自我认同和社会认同，包括健康的情感和坚强的意志品质，这些是一个人正确认识自我、具有良好的社会适应能力、构建和谐的社会支持系统、具有顽强的意志和创新的精神的前提，而这一切都是一个人做好工作的重要条件。

二、劳动合同知识

在和用人单位签订劳动合同的时候，会遇到很多问题，对这些问题要正确处理。在此，我们列举一些在劳动合同签订和履行中常见的问题，并进行分析。

1. 签订劳动合同之前的准备工作

在与用人单位签订劳动合同之前，应全面了解用人单位的情况。包括了解用人单位是否有营业执照和劳动用工资格；了解用人单位的工作条件、劳动强度、工作性质、工作时间、工作内容、工资待遇、工资发放时间、休息休假制度；了解工作的场所是否有毒有害、是否危险；还要尽量了解用人单位是否有拖欠工资、不为劳动者缴纳社会保险费等侵害劳动者权益的情况。在此，尤其要了解工作是否安全、劳动环境是否有毒有害，不可因为钱毁了自己的身体。

2. 用人单位不签订劳动合同的问题

大多数用人单位都会依法与劳动者签订劳动合同，但一些用人单位却以各种借口不与劳动者签订劳动合同，遇到这种情况可以大概判断这样的单位不会太好，应避免在这样的单位就业。也可以先从各方面对这个单位进行全面了解，如果这个单位的状况不好，如劳动待遇低、劳动安全卫生条件差、没有社会保险福利保障、单位信誉差、老板或负责人品行不好等情况，那就不能到这样的单位工作。如果这个单位的各方面的情况都还不错，只是不愿意与劳动者签订劳动合同，那可以选择在这个单位就业，但在就业以后要注意收集和保留能证明与这个单位存在劳动关系和相关劳动待遇的材料，如工资条、上岗证、工作证，等等，工友之间也要保持良好的关系，能互相证明劳动关系和劳动待遇，等等。只要有这些证明，即使发生与用人单位之间的争议，也有证据能够证明劳动者和用人单位之间的事实劳动关系以及相关待遇，只要有这些证据，国家相关机构就能保护劳动者的合法权益。

3. 有关试用期的问题

很多单位都会在劳动合同中规定试用期的内容，劳动者应了解国家劳动法律法规对试用期的规定，以免用人单位利用试用期损害劳动者的合法权益。我国劳动法律法规对试用期有严格的规定：（1）试用期约定只能在劳动合同中进行约定，不能单独签订试用期合同；（2）劳动合同期限在6个月以下的，试用期不得超过15日；（3）劳动合同期限在6个月以上1年以内的，试用期不得超过30日；（4）劳动合同期限在1年以上2年以内的，试用期不得超过60日；（5）劳动合同期限超过2年的，试用期最长不得超过6个月；（6）试用期只能约定一次，不得用多次签订合同的方式规避有关试用期时限的规定。

在试用期内，劳动者工资可能相对较低（不得低于最低工资标准），用人单位在试用期内比较容易与劳动者解除劳动合同，除此以外，试用期内的劳动者与其他劳动者享有同等的权利。

4. 用人单位要收取"押金"、"保证金"和劳动者的身份证、毕业证、执业资格证等证件的问题

对于这个问题，首先，我国劳动法律法规明确规定用人单位在签订劳动合同时不得向劳动者收取或变相收取"押金"、"保

证金"或其他不合法的费用，也不得收取劳动者的身份证、毕业证、执业资格证等证件的原件。其次，如果一个单位要收取这些费用和证件原件，可以基本断定这不会是一个好的单位，应尽量避免到这样的单位工作。再次，如果认为这个单位不错或不想放弃这个机会，那么在工作以后就一定要注意这个单位是否按照约定按时足额支付劳动报酬；是否按照约定到期就退还劳动者交纳的费用和证件；用人单位是否有违法犯罪的行为。只要一发觉用人单位存在以上问题，要立即向有关劳动监察部门投诉，及时维护自己的权利，切不可再对这样的单位抱有幻想。

5. 解除劳动合同劳动者应得的经济补偿的问题

有关劳动合同的解除途径和方式前面我们已经讲过，在此，我们再了解一下劳动合同解除劳动者应享有的相关经济补偿。

因用人单位违反法律规定或劳动合同的约定劳动者解除劳动合同，或者非因劳动者的重大过错用人单位解除劳动合同的，用人单位都要依法对劳动者进行补偿。经济补偿的标准为按照工作时间每1年发给劳动者相当于1个月的工资的经济补偿，但补偿最多不超过12个月，工作不满1年的补偿1个月。用人单位拖欠或没有为劳动者缴纳社会保险金的，要补足社会保险金。因劳动者患病或非因工负伤不能从事原工作也不能从事用人单位安排的其他工作而解除劳动合同的，用人单位还应该一次性支付劳动者不低于6个月工资的医疗补助费，如果是患重症的，医疗补助费要增加不低于50%的补助，患绝症的，医疗补助要增加不低于100%的补助。

因用人单位的过错造成劳动者损失的，用人单位还应依法赔偿劳动者的损失。

6. 劳动者解除劳动合同用人单位要求赔偿培训费用的问题

一些用人单位在劳动者提出解除劳动合同时要求劳动者赔偿用人单位支付的培训费用。对此应该分开来看。如果劳动合同中有约定且劳动者又没有履行完服务期限的，劳动者应该赔偿相应的培训费用；如果劳动合同没有约定或劳动者已经履行完了服务期限的，劳动者不用赔偿培训费用。

7. 劳动合同终止后劳动者保守用人单位的商业秘密以及就业竞业的问题

对于用人单位的商业秘密，在劳动合同终止后一定的期限内（一般为 2 年）劳动者有保守秘密的义务，这既是劳动者的义务也是劳动者的职业道德要求。但是，对于什么是商业秘密，法律有明确的规定：必须是有商业价值并且用人单位已经采取了保密措施或明确规定为商业秘密的劳动者才有保守秘密的义务。

就业竞业是指劳动者在离开原单位后一定期限（一般为 2 年）内不得从事与原单位业务有竞争的工作。对此，如果劳动合同中有约定或终止劳动关系时有约定，劳动者应该遵守义务。

不管是保守用人单位的商业秘密还是就业竞业都有一定的期限，用人单位不能以此限制劳动者的职业选择权。

三、劳动者合法权益的救济途径

劳动者的合法权益受到侵犯的时候，可以采取以下途径进行救济：

1. 行政保护途径

当劳动者的合法权益受到侵犯的时候，一个比较直接和有效的办法就是向劳动监察部门投诉。由于劳动监察部门有行政执法权，用人单位慑于受到处罚，往往会及时改正自己的侵权行为并及时对劳动者进行补偿，因此，劳动者在合法权益受到侵犯的时候要充分利用好这一途径。

县级以上人民政府的劳动局（厅）都设立有劳动监察大队（总队）。对于用人单位在执行劳动法律法规中的一切违法行为和侵犯劳动者权益的行为，劳动者可以依照用人单位工商登记的级别向用人单位所在地的劳动监察部门进行投诉，以便及时有效地保护自己的合法权益。

除了劳动监察部门可以对劳动者的合法权益进行行政救济之外，县级以上人民政府的安全生产监督管理机构也可以对劳动者的合法权益进行行政救济。当用人单位违反安全生产规定使劳动者受到伤害或可能受到伤害时，劳动者也可以向安全生产监督管理机构举报、投诉。

要注意，劳动监察部门和安全生产监督管理机构拥有的是行政执法权，它们可以对用人单位的劳动违法行为进行行政处罚，也可以对劳动者和用人单位之间的争议进行调解，但不能直接对劳动者和用人单位之间的民事纠纷进行裁决。

2. 申请劳动仲裁

劳动者与用人单位之间发生劳动争议，除了用人单位拖欠工资的以外，不能直接向人民法院起诉，而应该先进行劳动仲裁，不服劳动仲裁裁决的，才可以向人民法院起诉。

（1）仲裁机构。

我国劳动仲裁机构为劳动仲裁委员会，县级以上行政区域设立劳动仲裁委员会。

在发生劳动争议以后，劳动者应向用人单位注册地的劳动仲裁委员会申请劳动仲裁，如果用人单位是在外地注册的，劳动者可以在劳动者的工资关系所在地的劳动仲裁委员会申请劳动仲裁。

（2）仲裁的时限。

劳动者在与用人单位发生劳动争议以后，应该于发生劳动争议之日起 60 日内申请仲裁，否则就超过了仲裁时效。劳动仲裁委员会应该在受到仲裁申请后 60 日内作出裁决。如果劳动者在发生劳动争议后 60 日内没有申请仲裁的，劳动仲裁委员会不受理劳动仲裁申请，劳动者可以凭劳动仲裁委员会的不受理通知书向人民法院起诉，但人民法院就可能不按照劳动争议立案审理，而按照其他民事案件立案审理。

（3）劳动仲裁制度。

劳动仲裁实行一裁终审制。劳动仲裁委员会作出裁决后，申请人如果不服裁决的，不能再申请仲裁，而只能在收到裁决之日起15日内向人民法院起诉。

3. 向人民法院起诉

用人单位拖欠劳动者工资或劳动报酬的，劳动者可以不经过劳动仲裁直接向人民法院起诉，劳动仲裁委员会不受理仲裁申请的，申请人可以凭不受理通知书向人民法院起诉，劳动仲裁申请人不服劳动仲裁裁决的，可以在收到裁决之日起15日内向人民法院起诉。

劳动争议案件一般由基层人民法院（设在县、区、县级市行政区域）受理，当事人应向用人单位所在地或劳动者工资关系所在地的基层人民法院起诉。

人民法院审理案件实行两审终审制，当事人对人民法院的一审判决或裁定不服的，可以在收到判决书之日起15日内或收到裁定书之日起10日内向上一级人民法院提出上诉，二审法院审理后作出的判决或裁定为终审判决或裁定，自判决或裁定之日起生效，当事人应依照判决执行。

当事人对生效判决或裁定仍然不服的，可以在判决或裁定生效之日起两年之内申请再审。

对于申请劳动仲裁和向人民法院起诉的劳动争议案件特别是向人民法院起诉的，会涉及复杂的法律知识和严格的法律程序，我们可以作一些基本了解，在遇到这类案件时，如果自己没有把握，可以向法律服务机构进行咨询和委托法律服务机构为自己提供法律服务。社会法律服务机构主要有各地法律援助中心、律师事务所、法律服务所等，其中各地法律援助中心是各地司法行政机关设立的法律服务机构，一般设在各地司法局内，主要对符合条件的当事人提供免费的法律服务；律师事务所是专业的法律服务机构，从业人员都具有国家司法执业资格并经过注册领取律师执业证书，能为当事人提供专业的较高水平的法律服务。遇到劳动争议案件而自己又没有把握的，可以向这些法律服务机构咨询或委托其为自己提供法律服务。

讨 论 与 活 动

1. 假设你是一个公司的老板，你希望员工具有哪些素质？请列举出来，大家进行讨论。最后确定我们在学校期间应该如何要求自己。

2. 把你听过或经过的有关用人单位的违法行为列举出来，大家一起分析应该如何应对。

第四讲　职业交际能力概述

青蛙和蜘蛛是一对朋友，有共同的爱好——吃飞虫。年轻时，青蛙体健貌端，身手矫健，水陆两栖，过得悠闲自在。蜘蛛很羡慕。暮年时，情况发生了逆转。

老青蛙对老蜘蛛大吐苦水："我一生辛劳，只勉强糊口。现在年老力衰，将要饥饿而死。而你如今却衣食丰足，这世道真是不公啊！"老蜘蛛说："你之所以艰辛，是因为你靠四条腿生活，而我是编织了一张网。"

这则寓言一度被 IT 人士广泛用来说明网络的神奇。这里我们也可以引申出另外的含义——良好的人际关系网（包括职业交际网），对一个人的生存与发展具有关键的助推作用。

卡耐基先生说：一个人事业的成功，只有 15% 是由他的专业技术决定，另外 85% 则要靠人际关系。

任何一个人都生活在一定的社会关系中，比如父母子女关系，师生关系，同学、同事关系，朋友关系，等等，没有一个人生活于真空当中。所以搞好人际关系，对一个人的生活、学习与工作十分重要。早在两千多年前，我们的先哲就深刻地论述了和谐人际关系的重要性。

《吕氏春秋》中写道："凡人之性，爪牙不足以自守卫，肌肤不足以捍寒暑，筋骨不足以从利辟害，勇敢不足以却猛禁悍，然且犹裁万物，制禽兽，服狡虫，寒暑燥湿弗能害，不唯先有其备，而以群聚邪。群之可聚也，相与利之也。"

人的自然属性远不及大自然中的猛禽，却能抵御猛禽的攻击得以生存、发展下来，人类靠的是"群聚"的力量，也就是团结合作的力量。

《韩非子》中写道："故古之能致功名者，众人助之以力，近者结之以成，远者誉之以名，尊者载之以势。如此，故太山之功长立于国家，而日月之名久著于天地。"在古代，能建非凡之功，立非凡之业的人，往往是人与人关系处理得非常好的人。试想，一个众叛亲离的人，谈什么建功立业、流芳百世？在今天，人际交往（包括职业交往），无论在广度还是在深度方面，都是古代无法相比的，所以培养人际交往能力（包括职业交际能力）是在校学生和职场新人必须高度重视的问题。

基 本 知 识

第一节 职业交际与成功

在今天社会化大生产的背景之下，个体与个体的合作，一个团体与另外一个团体的配合显得尤为重要。在职业活动中，人际关系的好坏，直接关系着一个人事业的成败。

（1）职业交际能力。职业交际能力是指一个人在职业活动过程中，恰当地处理自己与上司之间，自己与同事之间，自己与下属之间和自己与工作对象（包括客户）之间关系的能力。这是一种重要的能力。

（2）职业交际能力有时比专业知识能力更能影响一个人的职业发展前景。我们常说的"为人处世"，就是要学会做人，才能学会做事。做人是第一位的。在这里，做人的含义不要错误地理解为跑关系、拉关系甚至是溜须拍马。做人所强调的是为人要正直、友善、谦虚，能进行换位思考，能包容、理解和体谅别人，等等。

（3）正确地处理好职场的人际关系，意义非常重大，尤其是对职场的新人。一是融洽的人际关系，能使自己尽快融入群体当中，并成为团队中不可或缺的成员，而不是被边缘化。二是融洽的人际关系，能充分激发工作的积极性和创造性，能体会工作的快乐，否则只会感觉到压抑和痛苦。三是融洽的人际关系，能为自己赢得施展才华的机会。如果出现领导的不信任、同事的不配合，是很难作出成绩的，更不用说短期内能够获得升迁。四是融洽的人际关系，能使自己快速地成长起来，尤其是职场新人，更需要得到他人的帮助、指导和提携。如果人际关系不好，这一切也就无从谈起。五是融洽的人际关系，在工作中发生的失误能获得他人的包容、理解与帮助。六是融洽的人际关系，能在工作中做到相互"补位"，而不至于相互"拆台"。

（4）培养职业交际能力，是以后走向职场的大中专毕业生必然要面对的问题。在学校期间要学会正确处理师生关系、同学关系、同乡关系和朋友关系。职场交际和学生交际是有一定的区别，但也有必然的联系。良好的学生交际能力一定会为以后职业交际能力的提高奠定一个坚实的基础。所以在校学生要高度重视人际交往能力的提高。下面案例中职场新人王志的遭遇相信会对同学们起到一个警示的作用，但愿这种局面不要发生在在座的同学们身上。

案　例

职场新人王志的遭遇

王志是一所中职学校的优秀毕业生，毕业时凭着自己出色的专业成绩和非同寻常的表达能力，顺利地被一家单位录用。他刚参加工作时踌躇满志，希望能够凭借自己的专业知识和能力，一鸣惊人，迅速在单位树立自己的地位和影响。可是真正开始工作后，他发现实际的工作情况和环境并不像自己原先想的那么简单。首先，他是个新人，分配的专业活并不多，更多的时候是给别人跑跑腿，帮帮忙。他觉得有些人的工作能力和工作热情远不及他，凭什么把他当成"店小二"一般地使唤，这简直是浪费自己的青春和能力。所以对部门领导安排的"鸡毛蒜皮"的工作就不大情愿，对同事的态度也比较生硬。一段时间下来，同事们倒是不大"使唤"他了，同时对他也很疏远，王志又觉得很苦闷。在工作上，比照自己原先在学校学习的理论，王志对单位的很多做法不以为然，他想，用自己的专业知识帮助单位改进工作也是自己应尽的职责，可是在和同事们提起的时候，大家对他不理不睬，甚至冷嘲热讽。王志一气之下就去领导那里告状，心想自己一心为了把工作做好，希望管理高层能够支持自己，可是并没有得到自己想要的结果。王志觉得自己受到了很大的打击，更加心灰意冷，每天上班不知道做什么好，没精打采，也没人与他主动友好地交谈。他觉得自己在这个单位工作也许是个错误，正在考虑是否辞职的时候，万万没想到的是先收到了单位的解聘通知。

以上王志的遭遇的原因是没有处理好职场的人际关系。具体来说有以下两方面：

第一是没有摆正自己的位置。他毕竟是职场新人，学校所学的书本知识与工作实际有一定的区别，初入职场必然有一个熟悉工作的过程，所以刚开始参加工作时，要甘愿"打下手"，从具体工作做起。

第二是要端正学习态度，充分尊重和接受部门领导和老同志的指导。在现实职场生活中，人们大都不喜欢以自我为中心、恃才傲物、急于求成的职场新人。要知道，在一个单位树立一个人的地位和影响是一个渐进的过程。

教师提示

> ➤ 初入职场时要摆正自己的位置，也就是说刚开始参加工作时，要甘愿"打下手"，从具体工作做起。要知道，在一个单位树立一个人的地位和影响是一个渐进的过程。

第二节 职业交际的基本礼仪、礼节

过去有这样一个故事：有个年轻人骑马赶路，眼看已近黄昏，可是前不着村，后不着店。正在着急，忽见一位老汉从这儿路过，他便在马背上高声喊道："喂！老头儿，离客店还有多远?"老人回答："5里!"年轻人策马飞奔，急忙赶路去了，结果一口气跑了十多里仍不见人烟。他暗想，这老头儿真可恶，说谎骗人，非得回去教训他一下不可。他一边想着一边自言自语道："5里，5里，什么5里!"猛然，他醒悟过来了，这"5里"不是"无礼"的谐音吗？于是掉转马头往回赶，追上那位老人，急忙下马，亲热地叫声"老大爷!"话没说完，老人便说："客店已走过头了，如不嫌弃，可到我家一住。"

从上例可以看出，礼仪在人际交往中是何等的重要。一个人对他人的称呼（称谓），某种程度上可以看出这个人的思想水平、道德素养的高低以及人际交往的能力。

一、礼仪的基本知识

礼仪是指人们在社会交往中由于受历史传统、风俗习惯、宗教信仰、时代潮流等因素的影响而形成，既为人们所认同，又为人们所遵守，以建立和谐关系为目的的各种符合礼的精神及要求的行为准则或规范的总和。

由于礼仪是社会、道德、习俗、宗教等方面人们行为的规范，所以它是人们文明程度和道德修养的一种外在表现形式。

礼仪对个人而言，是一个人思想水平、文化修养、交际能力的外在表现。礼仪也是人类文明的结晶，是现代文明的重要组成部分。它体现的宗旨是尊重，既是对人也是对己的尊重，这种尊重总是同人们的生活方式有机地、自然地、和谐地和毫不勉强地融合在一起，成为人们日常生活、工作中的行为规范。这种行为规范包含着个人的文明素养，也体现出人们的品行修养。

礼仪，从内容上看有仪表、仪容，礼貌、礼节等。从对象上看有个人礼仪、公共场所礼仪、职场礼仪、待客与做客礼仪、餐桌礼仪、馈赠礼仪、文明交往等。

在人际交往过程中的行为规范称为礼节，礼仪在言语动作上的表现称为礼貌。

加强道德实践应注意礼仪，使人们在"敬人、自律、适度、真诚"的原则上进行人际交往，告别不文明的言行。

礼仪、礼节、礼貌内容丰富多样，但它有自身的规律性，其基本的礼仪原则：一是敬人的原则；二是自律的原则，就是在交往过程中要克己、慎重，积极主动，自觉自愿，礼貌待人，表里如一，自我对照，自我反省，自我要求，自我检点，自我约束，不能妄自尊大，口是心非；三是适度的原则，适度得体，掌握分寸；四是真诚的原则，诚心诚意，以诚待人，不逢场作戏，言行不一。

二、职场通用的基本礼仪、礼节

1. 仪表

仪表是指人的容貌、衣着，是一个人精神面貌的外观体现。一个人的卫生习惯、服饰与形成和保持端庄、大方的仪表有着密切的关系。清洁卫生是仪容美的关键，是礼仪的基本要求。不管长相多好，服饰多名贵，若满脸污垢，浑身异味，那必然破坏一个人的美感。因此，每个人都应该养成良好的卫生习惯。服饰反映了一个人文化素质之高低，审美情趣之雅俗。具体说来，它既要自然得体，协调大方，又要遵守某种约定俗成的规范或原则。服装不但要与自己的具体条件相适应，还必须时刻注意客观环境、场合对人的着装要求，即着装打扮要优先考虑时间、地点和目的三大要素，并努力在穿着打扮的各方面与时间、地点、目的保持协调一致。

2. 言谈

言谈作为一门艺术，也是职场礼仪的一个重要组成部分。关于言谈，应该养成用语礼貌，态度要诚恳、亲切，声音大小要适宜，语调要平和沉稳。尊重他人，尽量使用敬语。如日常使用的"请"、"谢谢"、"对不起"，第二人称中的"您"字等。初次见面为"久仰"；很久不见为"久违"；请人批评为"指教"；麻烦别人称"打扰"；求给方便为"借光"；托人办事为"拜托"，等等。总之，要努力养成使用敬语的习惯。现在，我国提倡的礼貌用语是十个字："您好"、"请"、"谢谢"、"对不起"、"再见"。这十个字体现了说话文明的基本语言形式。

3. 接待礼仪

上级来访，接待要周到。对领导交代的工作要认真听、记；领导了解情况，要如实回答；如领导是来慰问，要表示诚挚的谢意。领导告辞时，要起身相送，互道"再见"。

下级来访，接待要亲切热情。除遵照一般来客礼节接待外，对反映的问题要认真听取，一时解答不了的要客气地回复。来访结束时，要起身相送。

4. 电话礼仪

电话接待的基本要求：电话铃一响，拿起电话机首先自报家门，然后再询问对方来电的意图等；电话交流要认真理解对方的意图，并对对方的谈话作必要的重复和附和，以示对对方的积极反馈；应备有电话记录本，重要的电话应作记录；电话内容讲完，应等对方结束谈话再以"再见"为结束语。对方放下话筒之后，自己再轻轻放下，以示对对方的尊敬。

5. 引见时的礼仪

到办公室来的客人与领导见面，通常由办公室的工作人员引见、介绍。在引导客人去领导办公室的路途中，工作人员要走在客人左前方数步远的位置，忌把背影留给客人。在陪同客人去见领导的这段时间内，不要只顾闷头走路，可以随机讲一些得体的话或介绍一下本单位的大概情况。

在进领导办公室之前，要先轻轻叩门，得到允许后方可进入，切不可贸然闯入；叩门时应用手指关节轻叩，不可用力拍打；进入房间后，应先向领导点头致意，再把客人介绍给领导。介绍时要注意措辞，应用手示意，但不可用手指指着对方。介绍的顺序一般是把身份低、年纪轻的介绍给身份高、年纪大的；把男同志介绍给女同志；如果有好几位客人同时来访，就要按照职务的高低，按顺序介绍。介绍完毕走出房间时应自然、大方，保持较好的行姿，出门后应回身轻轻把门带上。

6. 名片礼仪

礼仪的基本要求就是尊重他人。在职业活动中双方经介绍相识后，常要互相交换名片。递交名片时，应用双手恭敬地递上，且名片的正面应对着对方。在接受他人名片时也应恭敬地用双手捧接。接过名片后要仔细看一遍或有意识地读一下名片的内容，不可接过名片后看都不看就塞入口袋，或到处乱扔。

第三节　职场新人的职业适应

职场新人职业适应的问题包括：角色的适应、生理上的适应、心理上的适应、人际关系的适应、工作性质与工作环境的适应和个人生活的适应等。

角色是指演员扮演的剧中人物，如主角、配角等。借指一个人在工作中的职位或在社会生活中所起的某种作用。社会角色是指由人们所处的特定社会地位和身份所决定的一整套规范系列和行为模式，是社会对每个特定地位的人的行为的一种期望。社会犹如人生的大舞台，每个人都扮演着一个特定的角色。

社会角色一般分为四大类：家庭角色、性别角色、年龄角色和职业角色。人的一生都会在不同时期扮演许多种不同的社会角色。同时集多种社会角色于一身，且从出生到退休所扮演的社会角色是在不断变化的。

当一个人进入一个新的环境时，人的行为、自我形象将随着生活环境和生活内容的变化而变化，这种转变人们通常称之为角色转换。

一、角色的适应

学生时代，一般来说，除了触犯刑律之外，学生身上所出现的任何问题都是由学校老师和学生父母担着。而参加工作之后，就要转变成自食其力、自担责任和自担风险的职业人。只有这样，才能很快地适应新的环境和新的生活。

职场生活和学生生活的不同：

李某是一所中等职业学校的一名毕业生。在校期间，因为偶尔睡懒觉导致上课迟到，遭到任课老师和班主任的批评，心中很是不愉快，认为老师真是小题大做。在学校期间，总与同学议论，过不了多长时间就要毕业了，到时也就解放了！言谈之中，流露出对就业的兴奋和期待。2008 年 7 月，李某如愿地找到一份工作，在一家公司搞销售。因为他能说会道，擅长表达，也喜欢表现，所以对这个职位很是满意。刚开始的第一个星期，按时上班，按时下班，工作表现还不错，受到同事和上司的夸奖。可是到了星期天的时候应约与朋友去蹦迪，很晚才休息。星期一起床晚了半个小时，加上公交车拥挤，又拖延了二十多分钟，心想没什么大不了的，顶多被主管说两句，另外给主管认个错不就得了。可是，他没想到工作是有关联的，一些资料在他手中，部门里其他工作难以开展，所以把主管急得团团转。李某刚一进门，就被主管铁青的脸吓了一跳，接下来被主管叫到办公室严厉训斥了一通，这完全出乎他的意料，他就与主管争吵起来。这下情况更糟了，既要写深刻检讨，调整岗位，又要扣发本月的奖金。如果再出现类似这样的严重影响工作的事件，就要被解聘。这一天，遭受如此巨大的打击，他变得无精打采。工作效率的低下，又受到同事的责怪，甚至是嘲讽。下班回到住处，心烦意乱，思绪万千。在学校读书时，总觉得学校生活枯燥无味，希望早一点走向社会。现在想想学校生活才是轻松、单纯、快乐，没有太多的压力。

李某由于没有进行有效的"角色转换"，以致出现了职业适应不良现象。具体来说，尽管李某已经离开学校参加了工作，但是还是以学生的思维考虑问题、对待人际关系、对待工作。也正因为没有进行有效的"角色转换"，所以导致他难以适应目前的工作环境和有关工作的规范。所以，职场新人大都面临着一个职业适应的问题。

教师提示

> 步入职场后，我们就进入了人生发展的新阶段，有了新的社会角色，这要求我们学会参与合作、竞争。社会需要我们对工作负责，对单位负责，对自己负责，对家庭负责，对社会负责，而且必须承担起一定的道德和法律责任。

二、生理上的适应

学校学生一般有睡午觉的时间和习惯。然而，走上工作岗位之后，作息时间与学校有很大的不同，一般中午也不容许睡午觉。所以要彻底改变原来的习惯，适应新的习惯。尤其是那些轮流倒班的工作，对生理上的要求就更多，需要你更好地调节体力，适应工作需要。

三、心理上的适应

工作意味着你已经是一个独立的责任人，意味着你必须对你自己的行为负全部的责任，不像家庭生活和校园生活中作为子女和学生，你是一个备受呵护的对象，对父母、对老师有依赖性，即便有些过激的行为举止，也很容易得到宽容。但是进入职场后，你的行为会影响工作成效，这种影响的后果只能由你自己来承担。

四、人际关系的适应

学校中的人际关系要简单得多，接触的主要是老师和同龄的同学，交流沟通也比较容易，容易建立起纯真的友谊和感情。但是工作后接触的人则多得多，有上下级关系、同事关系、与服务对象的关系，等等。人际关系不像校园里那样的简单明了，需要用心观察分析，建立良好的人际关系，因为这是你以后取得事业成功的重要条件。

五、工作性质与工作环境的适应

比如说，工作的内容主要有哪些？需要和哪些部门、哪些人合作？对于工作上的要求能否胜任？自己的能力、兴趣、性格是否能适合这个工作？工作的挑战性如何？完成工作的压力是否很大？单位的工作环境是否安静和整洁？工作氛围是不是积极向上？这些都需要去适应。

六、个人生活的适应

工作同时也意味着你生活上的独立，限定了你的生活形态，你需要合理安排自己的衣、食、住、行以及休闲娱乐的支出。有的人还得考虑如何承担好对父母和家庭的责任。比如，根据自己的收入状况，每个月要给家里的父母寄一定数量的钱。总而言之，工作以后在个人生活上也不再像学生时代那么单一。

第四节　职业交际的艺术

要构建良好的人际关系（包括职业关系），必须坚持相互尊重原则，诚实守信原则，平等互惠原则，礼貌友善原则，等等。无论在日常生活中，还是在职业活动中，都要坚持以上的原则。在职业岗位上，除了坚持以上原则之外，还须善于运用职业交际艺术。

一、圆通而不圆滑

圆通是指圆融而顺畅。在人际关系处理上是强调化解冲突，避开或缓和矛盾，润滑人际关系，达到和谐顺畅的效果。圆通的对立面就是生硬，也就是我们通常所说的"脑子不转弯"。生硬、死板的做法，必然伤害到关系双方，激化关系双方的矛盾。

我们必须指出，圆通并不等于圆滑，两者之间有着很大的区别：圆通追求和维护的是众人的利益，而圆滑追求的是个人的私利；圆通的做法，令大家赞誉，而圆滑的做法，令大家讨厌；圆通是聪明人的做法，而圆滑是阴谋家的伎俩。

下面这个案例给你什么启发？

公司新来一批职员，老板抽时间与大家见个面。在见面会上，老板照名单点名。

"黄晔（huá）。"

会场一片寂静，没人应答。老板又点了一遍。

一个员工站了起来，怯生生地说："我叫黄晔（yè），不叫黄晔（huá）。"

人群中发出一阵低低的笑声，老板的脸色有些不自然。

这时，一个精干的小伙子站了起来说道："报告总经理，我是打字员，是我把字打错了。"

"太马虎了，下次注意。"老板挥了挥手，继续点下去。

后来这位打字员成了公司的公关部经理。

假如这位打字员和别人一样嘲笑老板的无知，或坚持原则地告诉老板"你错了"，那他就不会成为公关部的经理了。打字员的非凡的表现，具有超乎寻常的化解危机的能力和技巧，给老板留下了非常深刻的印象，也使他能从众多的员工中脱颖而出。

教师提示

> ➤ 职场人际关系涉及方方面面，作为职业人要善于巧妙地化解矛盾，从而为自己构建一个良好的人际关系平台。

二、迂回而不迂腐

我们知道，在军事上为了达到目标，不得不采用迂回的战术。那么在职业交际过程中，我们同样可以运用迂回的方法。这种方法的使用，不但能缓和矛盾，而且还能起到很好的教育作用。所谓迂回，就是指绕个弯，转个方向，不是直指问题的关键。表面上看起来是南辕北辙，实际上比起"直截了当"的方法要有效得多。下面的案例会给我们一些启发。

陶老（陶行知）在担任校长时，看到男生王友用泥块砸班上的同学，当即制止了他并叫他放学后到校长室。放学后王友早早地等在校长室门口。陶老没批评他，奖给他第一块糖果说："你按时来到这里，我却迟到。"奖给他第二块糖果说："我不让你再打人，你立即住手了，说明你很尊重我。"奖给他第三块糖果说："我调查过，他们不遵守游戏规则，欺负女生，你用泥块砸他们，说明你正直善良，有跟坏人作斗争的勇气。"这时王友流着泪承认了打人错误。陶老掏出第四块糖果说："为你正确认识错误，再奖你一块糖果！"

批评就像是泼冰水，表扬好比是热敷，彼此的温度不相同，但都是疗伤治痛的手段。实际上没有人喜欢被批评，如果你一味地指责别人，你将会发现，除了别人的厌恶和不满外，你将一无所获。然而，如果你能够让对方感觉到你是来解决问题、纠正错误的，而不是仅仅来发泄你的不满的，你将会获得成功。批评是一种高难度的教育手段，巧妙的批评能触动其心灵，因此批评要讲究方法，要有智慧，总之要有艺术性。

教师提示

> ➤ 我们要劝阻一件事，尽可能避开正面的批评，如果有必要的话，不妨旁敲侧击地去暗示对方（这就是迂回的艺术）。对人正面的批评会毁损他的自尊，如果旁敲侧击，对方知道你用心良苦，不但容易接受，而且还会感激你。

三、及时赞美别人

及时赞美别人是不可缺少的职业交际的技巧（或者说是艺术）。美国著名心理学家威廉·詹姆斯研究发现："人类本性中最深刻的渴求就是受到赞美。"当你真心赞美别人的时候，你何尝不是在赞美自己宽广的胸怀。而对方也会怀着感激之情在心灵深处赞美你，你会因此获得信任和友谊。

当然，赞美别人也要基于一定的客观事实，而不能太"离谱"。否则，不但达不到目的，反而让对方难堪甚至是反感，从而恶化人际关系。比如，现在时兴将年轻女孩称作"美女"，而将年轻小伙子称作"帅哥"。但是，不分场合，不顾实际情况，毫无例外地赞美，难免会产生恶劣的后果。

另外，赞美别人与溜须拍马（吹捧）有着本质的区别：赞美是基于客观事实，而吹捧更多的时候是脱离实际。赞美，人人都喜欢受到赞美；而溜须拍马，只有极个别人喜欢。赞美，一般是发自内心的；溜须拍马，一般是违心的。赞美，能润滑人际关系；而溜须拍马更多的时候是令人讨厌。赞美别人是品德高尚的表现，而溜须拍马则是人格卑污的表现。总之，我们提倡赞美别人，反对溜须拍马。

必须指出，最需要赞美的不是那些早已功成名就的人，而是那些因被埋没而产生自卑感或身处逆境的人。他们平时很难听到一声赞美的话语，一旦被你当众真诚地赞美，便有可能使他的尊严复苏，自尊心、自信心倍增，精神面貌焕然一新。所以，最有实效的赞美是"雪中送炭"。

如果有机会，也不妨传达第三者的赞赏，这样不但能避免尴尬，而且会得到双方的好感。例如，"王总，这次去河北，那边的刘主任对你的评价非常高"等等之类的。

四、不可锋芒毕露

在当今社会，不少年轻人在工作和日常生活中充满激情，个性张扬，喜欢表现。他们反对权威，突出自我，身上有一股子冲闯劲，很想成就一番事业。当然，年轻人身上的品质有其好的一面，然而也有其不好的一面。比如，自视颇高，甚至是目中无人。与人争论时，丝毫不谦虚，寸步不让，甚至是咄咄逼人，将职场人际关系搞得很糟糕，不为同事所容，结果严重影响了事业（职业）的发展。同学们阅读下面两个案例，想必从中会得到一些启示。

案例一

有一位大学毕业生分到一个单位，刚来就对单位这也看不惯，那也看不惯。因为他刚踏入社会，初生牛犊不畏虎，刚来一个月就给领导递上洋洋万言的意见书。上至单位领导的工作作风与方法，下至单位的职工福利，一一列举了现存的弊端，提出了周详的改进意见。结果怎样呢？让单位掌握实权的领导感到尴尬、难堪了。领导不但没有采纳他的意见，还找理由辞退了他，因为他成了领导的绊脚石。两年内他换了四个单位，而且一个比一个不如意，他的牢骚更多，意见更大了。

案例二

有一个毕业生被分到某研究所，从事标准文献工作。因为他自己学的就是这个专业，自以为比老同志懂得多，而不懂得人家有着实际的工作经验。刚上班时，领导摆出一副"请提意见"的虚心姿态，领导的这种气度让他受宠若惊，于是没有几天他便提了不少意见，领导点头称是，大伙也不反驳。可结果呢，单位的工作不但一点没有改变，他反倒成了处处惹人嫌的人。他空怀壮志，领导也没给他安排什么具体工作。一位同情他的"阿姨"悄悄地对他说："我当初和你一样，你还是尽快换个单位吧，在这儿你别想再有什么出息了，你把所有的人都得罪了。"于是，一段时间后，他调走了。走时，领导拍拍他的肩膀，说："太可惜了！我真的不想让你走，我还准备培养你当我的接班人哪！"
这年轻人至今还玩不透"太可惜"三个字的意思是什么。

教师提示

> ➤ 做人不可锋芒毕露，要学会韬光养晦，否则容易伤害到他
> 人，恶化职场人际关系，影响人生价值的实现。新入职场的
> 年轻人，首先要了解工作环境，其次要适应环境，等得到大
> 家的认同后再来改造环境，这时才使得同事乐于接受。

视 野 拓 展

一、学校环境和工作环境主要的差异

美国佛罗里达大学教授费德曼对刚参加工作的大中专毕业生
进行的研究表明，通常情况下，学校环境和工作环境主要存在以
下一些差异：

学校环境	工作环境
1. 比较弹性的时间安排	1. 更为固定的时间安排
2. "同学们可以逃课"	2. 员工不可以旷工
3. 更有规律更有个性化的反馈	3. 无规律和不经常的反馈
4. 有长假和自由的节假休息	4. 没有暑假，节假休息很少
5. 要解决的问题通常有标准式答案	5. 要解决的问题很少有标准答案
6. 同学间围绕分数的个人竞争	6. 工作任务书比较模糊、不清晰
7. 工作循环周期较短，基本在 20 周内	7. 员工间按团队业绩进行评估
8. 常有班会或其他班级活动	8. 工作循环时间长，可能持续数月、数年
9. 奖励以较客观的标准和优点为基础	9. 奖励更多以较主观的标准和个人判断为基础

必须指出，上表左框中的第 2 条"同学们可以逃课"，不能错误地理解为学校容许"逃课"，费德曼教授要表达的是个别学生出现旷课，学校本着教育的目的，主要以批评、说服教育为主，一般不采取惩罚的措施。而员工出现旷工是要受到惩罚的。

二、学校老师和单位主管的差异

学校老师	单位主管
1. 一般鼓励讨论，欢迎发表不同的看法 2. 规定完成任务的交付时间，而且通常宽容延迟交付者 3. 通常尽量公平地对待所有同学 4. 知识导向	1. 通常对讨论不感兴趣，更关心执行 2. 常分派紧急的工作，交付周期很短，对不能按期完成者常伴有不满甚至处罚 3. 许多主管经常很独断，并不总是公平 4. 结果（利益）导向

讨 论 与 活 动

1. 讨论：校园礼仪和以后进入职场时应当遵守的礼仪有什么异同？分析一下校内学生中间（包括自己）有哪些违背礼仪的言谈、行为举止？如何改变不良的言谈习惯和行为举止习惯？

2. 学生讨论与活动：通过走访前面毕业的高年级学生，了解他们的工作内容、工作性质、工作要求、作息时间，了解同事关系与同学关系的区别，了解他们的工作压力，等等。讨论一下：如何尽快地适应工作环境？

第五讲　恰当地处理与上司的关系

　　中职毕业的小王顺利地通过了面试，进入了一家服装公司，在销售部做了一名业务员。由于勤奋努力，他的销售业绩直线上升，部门经理多次在各种场合表扬他，小王自己也非常高兴。平时说话办事，小王都牢记经理的三句教导：认真做事；有一说一、有二说二；一切以公司利益为重。遇到什么自己认为不对的事，他总是找经理直说，经理好几次都听从了他的建议，对制度和相关的管理措施进行了相应的调整。小王觉得经理对自己十分器重。到了年底，公司召开年度总结大会，各部门经理都要在会上对一年的工作进行年度总结，接受董事会的考评。小王的部门经理上台发言时，不知是记忆差错还是什么原因，在讲到年度销售数额时，把年度销售总额说错了，说成了 678 万。小王明明记得销售总额应该是 638 万。想到经理经常教导自己要有一说一、有二说二，于是大胆地站起来纠正经理的错误。他大声说："经理，不对！应该是 638 万！我的电脑里面有准确的统计，是 638 万！"经理一下子满脸通红，停顿了一下，向他看了一眼，说："对，是我记错了，应该是 638 万。"会开完后，经理也没对小王说什么，这事就这么过去了。可慢慢地小王发现经理对自己的态度好像有些变化，碰到事情很少像以前那样找自己商量，有些重要的活动也借故不让自己参与，而对自己的一些小失误却抓住不放，大会小会经常讲，搞得小王灰头土脸的。不但如此，原来年底许诺让小王做销售组长的事再也不提了，不久指定了另一名业务员做了销售组长。小王怎么也想不明白：经理怎么像变了一个人？自己工作一直很努力，业绩也不错，可经理就是对自己看不顺眼，刚来公司时经理不是对自己很好吗？小王郁闷极了。

进入职场，有许多关系需要正确处理，其中最重要的就是与上司的关系。不论上司是否比你强或者有哪方面的问题，但可以肯定，有些东西是你暂时不能够超越的，比如年龄、经验、某方面的资源、阅历、性格、某些特殊的技能、知识、与整个组织的感情资本、与上司的上司或其他周边关系相互了解的程度，等等，而这些恰恰是你不具备的。对你而言，上司掌握生杀予夺的大权，你的岗位、加薪、晋升等都由你的上司决定。与上司和睦相处，对你的身心、前途都有极大的影响。

基 本 知 识

第一节　与上司相处的基本原则

一、尊重上司，维护上司的形象

权威是上司在经营管理中的核心与灵魂。只有尊重这种权威，在每个场合都注意维护上司的形象，你们之间上司与下级之间的关系才能够和谐。尊重上司，维护上司的形象，在平时工作中要注意：

1. 自己的工作状况要经常向上司进行汇报

这不仅有利于上司及时掌握好自己管辖范围内的工作进度和质量，也是你们之间保持良好沟通的极好机会，同时也有效地让上司感觉到你对他的尊重。

2. 正确对待上司的批评

在上司对你或你的同事进行批评的时候，不管这种批评是否正确，不要急于辩解，更不可当面顶撞上司。即使你或你的同事实在是冤枉的，你也要在只有你和上司的场合心平气和地提出异议。

3. 把"风光"留给上司

不管是平时的衣着打扮还是在参加庆功会、酒会、其他公共活动，或者是有上司的上司在的场合，都应该把上司放在首位，自己保持"陪衬"的地位。切忌抢上司的风头，表现得比上司高明，尤其注意不可让上司觉得没面子。

4. 不要在背地里说上司的坏话

如果你真正对上司有异议，一定要当面向他反映，反映时要注意时机和方式。

教师提示

➤ 原则是死的，人是活的。不同的上司对下属有不同的要求。应该努力了解上司的脾气、性格、爱好，主动适应上司的工作方式。

二、学会倾听，服从上司的领导

上司领导我们，我们归上司领导。明白这一点，最主要就是要听话。要服从上司的领导，遵照他的意愿去办事情、做工作。遵照意愿的前提是正确领会领导的意图。因此，在和上司谈话的时候，一定要学会倾听，正确领会其意图之后，服从上司的领导，严格按他的要求去做。在倾听和服从的问题上要注意：

1. 听话时集中精神，专心聆听

上司和你谈话时，你眼睛注视着他，不要死呆呆地埋着头，必要时作一点记录。他讲完后，你可以稍思片刻，也可问一两个问题，真正弄懂其意图。然后概括一下上司谈话的内容，表示你真的明白了他的意思。切记，上司不喜欢那种思维迟钝、需要反复叮嘱的人。

2. 在充分领会上司分派任务的基础上，积极工作，出色而彻底地解决好自己分内的事情

所有的上司都希望自己的下属是个乐观主义者。有经验的下属很少使用"困难"、"危机"、"挫折"等术语，他把困难的景况当做"挑战"，并制订出计划以切实的行动迎接挑战，尽一切努力完成自己的任务。切记，就算是有瑕疵的命令，首先还是要服从，在服从之后再与上司交流意见。

三、经常主动与上司沟通

与上司关系不融洽，得不到上司的理解、赏识和重用，常常是员工特别是年轻员工一个普遍的问题，也是成才的一个障碍。原因主要是不少年轻员工不善于主动与上司沟通。经常主动与上司沟通，能够及时消除不必要的隔阂、误会，减少出错，也能使上司及时发现你的才能，从而得到赏识和重用。与上司沟通要注意：

1. 随时让上司了解情况，尤其是在问题刚刚出现的时候

越早沟通，越能及时弥补失误，避免事情发展到不可收拾的地步。其次，拖延坏消息，闲言碎语会在你之前传到上司的耳朵里，这样就剥夺了你对这一事件表达态度的机会。

2. 需要提供信息时，准备好支持你观点的资料

用比较简明的文字、生动形象的图表，会大大增强你的说服力。

3. 沟通时，重点放在方法而不是问题

谁都可以把问题凸显出来，你需要表明你不仅能看到问题，而且还有答案并愿意承担解决问题的责任。

4. 注意你的言词

沟通时应精心选择言词，避免夸张。当上司表现得不通情理

时，应保持镇静，说明你的感受以及原因，永远使用"我"句型而不使用"您"句型。例如："我觉得这样做有问题。"就比"您这样做有问题"要好得多。

四、与上司保持适当距离

你和上司的地位的确是不同的，至少在你们建立关系的组织范围内情况是这样的。亲密关系有一种平等化的趋势，会扭曲或干扰上下级之间正常的工作联系。和上司太亲密是把双刃剑，有助于你但同时也容易让你受伤害。此外，和上司太亲密容易丧失其他人的支持。保持与上司的适当距离要注意：

1. 减少单独在一起的时间

减少单独和上司在一起的时间，尤其是吃饭、逛街、去俱乐部、一起回家等，如果上司邀请你，但又不是非去不可，你大可善意地拒绝。上司其实并不喜欢随便的员工，大多数时候，他邀请你是在试探你。

2. 减少开玩笑的机会和次数

和上司开玩笑被看做是禁忌游戏，很多上司不适应自己的下属对自己开玩笑，事实上，对上司开玩笑也是一种不尊敬上司的行为。频繁的玩笑会让别人以为你们的关系非常亲密，上司会觉得你太轻浮，有失对他的尊重。

3. 不要牵扯到上司的私生活里

如果他经常需要你帮忙做一些私事，最好还是找个站得住脚的理由，巧妙回绝为佳。注意千万不要窥视领导的家庭秘密、个人隐私。

会计王佳的业务能力很强，工作上也很认真、细致。但她有一个致命的缺点，就是喜欢在背后议论别人。她的老板有一个女儿，年龄大了，却一直没有结婚。一天工佳在与另一同事闲聊，老毛病又上来了，不经意间便谈起了这件事。说得正高兴时，她的老板恰巧经过，她的话自然被老板听到了一些。从此，老板怎么看她都不顺眼，经常对她的工作不满意。

一次，老板竟找来一个其他单位的老会计来查她的账，说："这个会计非常有经验，让她多指导你，有什么不会的地方，可以向她请教。"那个老会计查账查得很细，老板坐在她身边，不时问她："怎么样，有哪儿不对吗？你得看仔细了。"经过一上午的查账，什么问题也没发现。老会计说："账记得挺好，以后就这样做。"听了老会计的话，老板没有说什么。王佳心里十分别扭，此后的工作中一直都被老板这种不信任的态度所笼罩，工作再也提不起兴趣，这样形成恶性循环，最终丢掉了工作。

教师提示

> ➤ 私生活是个人生活的隐秘部分，都不希望外人知道。背后议论上司的私生活是职场禁忌之一。不但自己不议论，遇到同事议论时也最好借故走开。

4. 和异性上司交往要慎重

不要和异性上司有不清不白的关系，也不要让同事误会你和上司有不清不白的关系。

相比较而言，职业女性在工作中承受的压力比男性更大，其中一个压力就是部分职业女性会碰到来自异性上司的性骚扰。当碰到这样的情形时，机智妥善的处理就显得尤为重要。下面赵青的故事可以给女下属带来一定的启发。

24岁的赵青在一家规模很大的医药公司做销售。这是一份具有挑战性的工作，无论在与人的沟通、对专业知识的掌握、对市场的把握上，还是在体力的支配上，都要经受不同寻常的考验。赵青做得很卖力，业绩一直在节节攀升，因此大受顶头上司、销售部经理陈铭的青睐。

赵青刚进公司时，就碰上了一个对公司来说相当重要的国外大客户。谈判异常艰难，但赵青绝不轻言放弃。一星期下来，谈判终于成功了。赵青也欣然接受了陈铭的出去吃饭的邀请。

以后陈铭就经常请赵青吃饭、泡酒吧、打保龄球等。多半是借口庆祝赵青的出色表现和业绩。有时赵青并不想去，但看到他那诚恳的眼神，又想想他是自己的上级，赵青不好意思拒绝。谁知这样一来，陈铭的行为却升级了，他经常以谈工作的名义把赵青叫到自己的办公室里，先是装模作样地询问几句工作上的事，接着就"关注"起赵青的生活来，诸如她晚上睡得好不好，有没有男朋友，周末怎么过等问题。更要命的是，一边说话，一边用色迷迷的眼睛盯着赵青上下打量。看得赵青直起鸡皮疙瘩。赵青想发作，可一来陈铭并没有进一步的骚扰行为，二来找到这份她满意的工作也不容易，于是，她忍了下来。

然而，陈铭的骚扰并没有就此打住，他经常让赵青陪他去和客户谈生意。有一次在酒桌上，他一个劲儿地劝赵青喝酒。熟知陈铭心思的赵青哪敢沾酒，她坚称自己不会喝酒，硬是把陈铭和客户的酒推了回去。酒席中，陈铭趁着酒意，常有意无意把手搭在她的肩膀上，这时赵青可不含糊了，她立刻将陈铭的手推开，当然，她脸上还不忘给陈铭一个笑容。赵青知道，果断制止陈铭的手上行为可以使自己免受伤害，而脸上的笑容可以化解彼此之间的尴尬和敌意。正是这一刚一柔的处理方式，几个回合下来，陈铭没占到什么便宜，只好作罢。

经过深思熟虑，赵青想到了好办法。她主动把男朋友介绍给陈铭，每次碰上陈铭约她出去吃饭、打球、泡酒吧时，她都想法把男朋友一起约去，并且在陈铭面前表现得很亲密。时间一长，陈铭看到无机可乘，也就不再单独约她了。

教师提示

> 对付性骚扰态度要明确，否则容易让对方产生误会，心存幻想。此外，对有明显骚扰意图的上司要善于处处设防，婉拒不明确的职场社交。

第二节　向上司请示、汇报的艺术

员工向上司请示、汇报既是和上司沟通的一种有效手段，本身也是日常工作的一部分。此外，作为上司，判断下属是否尊重他的一个很重要的因素就是下属是否经常向他请示、汇报工作。有不少职场人士认为，你只要把自己的工作做好了，上司自然会看到你的成绩，自然会作出公正的判断。其实不然，正所谓"酒香还怕巷子深"，更何况是在竞争异常激烈、人才一抓一大把的经济环境中。因此，如何做好自己的工作，并将自己的成果展现在上司面前，从众多的同事中脱颖而出，自然变得越来越重要。月报、半年报、年报，考验的不仅是你的总结、文字等功夫，更是考验你汇报工作的经验和能力。那些简单地将汇报当做程序走的员工，是永远不可能懂得汇报工作的技巧和重要性的。向上司请示、汇报工作的过程中，以下几点是我们要努力掌握的：

一、主动汇报工作

主动向上司汇报工作进度，会得到上司的支持和帮助，上司会对你的工作进行指导，会提醒你哪些环节容易出差错，这样就会使你避免犯错，至少是减少失误。不要以为只有好事或只有有了成功才向上司汇报工作。有的时候，主动汇报工作还可以成为一种危机公关行为，避免因为自己的失误而招来"灭顶之灾"。

（1）完成工作时，立即汇报；

（2）工作进行到一定程度时，相继汇报；

（3）预料工作会拖延时，或者出问题时及时汇报。

刘刚是一家报社的编辑，有一次由于疏忽，在他负责的版面上出现了很大失误，将广告客户的名字和资料信息弄错了。报纸出版后，刘刚才发现这个错误。对于一家正在成长期、广告客户几乎可以决定其生死的报纸来说，这是一个巨大的失误。但报纸已经印刷出来了，怎么办呢？刘刚左思右想，最后主动找到总编，陈述了自己的工作失误，并提出了一些纠正的办法和补救方式。虽然总编一听暴跳如雷，但在刘刚一个劲儿地道歉下慢慢地平息了怒火，也意识到错误已经发生，想办法补救才是最重要的。于是总编接受了刘刚提出的建议，第一时间与广告客户取得了联系，得到了客户的谅解。最终刘刚没有因此事被免职，只是受到了罚款的处罚。

教师提示

➤ 工作中出了错应当第一时间让上司知道，拖延、隐瞒等于犯下第二个错误。

二、掌握汇报技巧

从管理的角度看，上司准确及时地了解下属的工作情况，有利于及时掌握工作进度及管理运行状况。对下属而言，如能掌握相应的工作汇报技巧，不仅有利于其自身素质的提高，而且，会进一步改善其在上司心目中的能力形象。不管是书面还是口头汇报的形式，需要掌握的一般技巧有四个方面：

1. 开门见山，理清顺序

大多数情况下，上司都没时间听你的长篇大论。所以你要先说结果，而不是去描述过程。汇报工作时要有条理，讲究一定的逻辑层次。一般说来，汇报要抓住一条线，即要汇报的问题的整体思路和中心工作；展开一个面，即分头叙述相关工作的做法、措施、关键环节、遇到的问题、处置结果、收到的成效等内容。

在汇报之前，特别是汇报那些重大问题之前，必须先打腹稿，先把要汇报的问题以提纲的形式，列出一个分条目的小标题，记在心中，逐条道来。如果必要，你应先把这些提纲写在小本子上，作为向上司汇报工作时的备忘录。

实践证明，拟写提纲是理清思路的最佳方法，你不妨试一试。

2. 突出重点，删繁就简

把握重点，常常意味着抓住了工作的要害。而这些要害问题又往往关系着企业的大局或重大利益。在具体操作时，你应掌握俗话所讲的"事不过三"的原则。即在一般情况下，下属向上司汇报工作时，每次交谈的重点事项、关键问题，只谈一个或一件，最多不超过三个或三件。这不仅有利于上司理清思路，迅速决断，同时，还会使上司对你的能力和效率表示好感。同时，不论是作口头汇报还是作书面汇报，你都必须注意删繁就简的问题。这不仅是技巧，而且是原则。所谓删繁就简，就是要把一切不必要的话从汇报中予以删除。否则，就会出现两种不利的影响：一是让人感到你思维混乱，思路不清，不知所云；二是让人感到你有哗众取宠之嫌。更何况还容易出现"话多有失"的情况。

3. 恭请上司评点

向上司汇报完工作之后，不可马上一走了事。聪明的做法是主动恭请上司对自己的工作总结予以评点。上司对于下属的汇报，通常都会有一个评断，有的他可能公开讲出来，而有的则可能保留在心里。你应该以真诚的态度去征求上司的意见，让他把心里话讲出来。

对于上司的诚恳评点，即便是逆耳之言，你都要以认真的精神、负责的态度去细心反思。因为这无疑是他把自己的聪明智慧传授给你。只有那些能够虚心接受上司评点的下属，才能够再一次被上司委以重任。

4. 汇报问题的同时提出解决的方案

绝大多数上司都希望自己的部下聪明能干，能够替自己冲锋陷阵、排忧解难。向上司汇报工作中出现的问题时，不能只谈问题，那样等于把事情全部推给了上司。事事都是上司拿主意，要下属还有什么意义呢？因此，找上司汇报工作时要准备多套方案，并将它们的利弊了然于胸，必要时向上司阐述明白，并提出自己的主张，让上司在多种选择方案中去作决定。这样一来，既体现自己的价值，又凸显了对上司的尊重。

第三节　如何获得上司的信赖和重用

遵循和上司相处的基本原则，主动和上司作有效的沟通，能让你和上司和睦相处，上下级之间关系融洽。但要想充分的发挥自己的才干，实现自己的抱负，使自己的人生获得更为充分的发展，就必须使你和上司的关系更进一步——获得上司的信赖和重用。上司的信赖和重用对下属来说是最大的奖励，也是每一个下属梦寐以求的事。要获得这种信赖和重用，你必须付出更多的努力。以下几个基本方面是获得上司的信赖和重用必须做到的：

一、对上司忠诚

如果你想自己被上司信赖和重用，就必须像美国海军陆战队那样坚守信条：永远忠诚！忠诚是获得上司信赖和重用的前提。一个对公司、对领导不够忠心的下属，无论他的能力有多么出众，领导也会认为靠不住而不会重用。在和上司的相处过程中，如何显示你的忠诚呢？以下三点值得你借鉴：

1. 讲真话

有句名言说得好："说真话的人，才叫忠诚。"你和上司之间的关系应该坦诚，不能只拣顺耳的话跟他说。这样表面上看起来不得罪上司，但实际上却很难让上司信任你。作为一个下属，要让上司买你的账，就是要在关键的时候说出你的判断。

2. 敢于承认错误

有些下属怕上司不满意，对自己的错误遮遮掩掩，这样的人是很难取得上司的信任的。长此以往，上司会认为你失职，并且觉得你是一个不能承担责任的人。你只要这样做过一次，他就会对你的诚实产生怀疑。

3. 忠实地贯彻上司的决策

私下里，你可以给上司提建议。可一旦上司制定了决策，无论你是否满意，都要忠实地去贯彻落实，这是对上司忠诚的最直接的体现。

二、全力完成上司下达的任务

获得上司信赖和重用的关键是你的才能，评判才能的标准是你的业绩。深受上司赏识的下属应该是在完成工作任务的过程中，无论遇到怎样的困难，都竭尽全力地去执行上司的决策。在执行过程中分清主次，先完成最重要的事情，做到"要事第一"的原则。不管工作任务是大是小，都认真负责地去做，并尽力做到提前完成工作任务。在完成任务的过程中，以下两个环节需要高度重视：

1. 言行一致

在贯彻执行上司决策时，首先要按照上司的要求去做，并在执行的过程中不断完善。不能自作主张地修改方案，这会给上司留下你"说一套，做一套"的恶劣印象。如果你一定得执行你认为是错误的命令，你首先做的也是服从你的上司，认真去执行。然后在适当时候和上司交换意见。

2. 立即行动

接受上司下达任务之后，应该立即行动，决不拖延。上司青睐的是那些有"行动力"的人。

三、帮助上司取得成功

要获得上司信赖和重用，除了全力做好自己的分内工作，让上司少为你操心之外，最重要的是在上司需要的时候，帮助上司取得成功。上司不是万能的，他也有自己的不足，也有自己需要帮助的地方。当上司需要帮助的时候，往往会因为自己的身份、地位而开不了口，这个时候，下属利用自己优秀的工作表现，帮助上司解决工作中的难题，可以说这是对上司最大的支持。这样的下属才是上司离不开的、最需要的"左膀右臂"，也才能得到上司持久的信赖和重用，最终实现和上司一起进步。要能帮助上司取得成功，平时应当注意：

1. 了解你的上司，学会换位思考

了解你上司的个性、行事风格、清楚他的优缺点，善于从上司的角度去考虑问题。这样才能知道什么时候他最需要下属的帮助。

2. 了解自己，清楚自己的优势

只有对自己有清楚认识，知道自己优势所在的下属，才能在上司需要帮助的关键时刻充分发挥自己的所长，为上司出谋划策、排忧解难，从而取得实际效果。

四、把功劳归于上司

作为下属，你的任务是协助上司。在帮助上司成功的同时又不让上司觉得对他是个威胁，这本身是对上司忠诚的具体表现，同时也是自我发展的最佳做法。作为上司总需要一些忠心耿耿的追随者和支持者在身边，一旦他把你当成自己人看待，那就等于为你以后的发展打下了基础。要做到把功劳归于上司，平时的工作中要注意：

（1）有了成绩，不忘向同事和上司的上司指出这里也有上司的功劳；

（2）开会有上司在场时，切勿搬弄新资料，应预先将资料告诉他，由他来提出；

（3）不要把计划百分之百托出，要保留上司发表意见的余地。

视 野 拓 展

一、和上司相处的基本原则

1. 不同类型的上司

不同的上司有不同的风格，了解一些他们的技术类型，对于如何与他们相处有很大帮助，上司的类型主要可以分为八种：

（1）激进性。这种上司经常找下属的痛处，骂他"成事不足，败事有余"而不信赖他，任何事都自己去做，对下属没有信赖感。这种上司凡事都要自己亲自去做才放心，又一味要求下属忠实勤勉。这样的上司虽然令人伤脑筋，但作为下属也不能只闹情绪，应该想办法应对才是。

应对的办法是首先要有自信。其实上司并不是真的在责备下属，他就是喜欢那样子责备人，用不着介意，如此退一步去想，便能海阔天空。当上司火气爆发时，下属只要委婉地表示"我了解您的意思，不过，能不能换个方式，比如说……"之类的意见即可。千万不要因为对方生气，就跟着冲动起来。这种瞬间开水型的上司，有时反而是心地善良、容易应付的人。

（2）优柔寡断型。这种上司总是朝令夕改，令你措手不及，此时，你最好遵照他的意思，先做好计划书是一个明智的做法。如果你的上司总是这样，那么你就该作出反应了，你可以拿出照他的意思做好的计划书给他看，并告诉他为了这份计划书，你付出了很多劳动。

（3）摆款型。此类上司自恃清高，喜欢摆架子，而且心胸狭窄。与这类上司相处，能容忍就尽量容忍，只要不违背自己的良心，他摆款时你最好干好自己的工作，偶尔附和他几句也无伤大雅。

（4）工作狂型。此类上司认为不断工作的人才懂得更好地生活，因此他非常欣赏努力工作的下属，因而下属的任务量会很大。为改善这种状况，你可以先物色一个适合这项工作的人，然后在适当的时候向老板推荐此人，你应耐心地向他解释，增加一个人会使任务完成得更加出色。

（5）管家婆型。这类上司事无巨细，什么都管。表面上他似乎相当开朗，鼓励人尽其才，实际上他只是把下属当工具，他的意见就是命令，你很难获得成就感。你最好的方法就是主动向他汇报工作情况，让他对你们的工作进展了如指掌，这样他的心情自然就舒畅多了。

（6）懒惰型。这种上司对于下属没有明确的指示，也不提供任何工作上所需的资讯，偶尔开开金口，却只会谈论卡拉OK之类的事；也许你也会碰到这种拿他一点办法都没有的上司，如果认为麻烦而不愿去理会他，那也不行，事情还是要做下去。因此，找出上司行为的特点所在，才是重点。

他的行为大致有下列两个特征：一是无心之过。或许这位上司就是这种类型，或许他经验不足，不知道如何开展工作。二是他因为快要离职，所以无意工作。或者上司本身对于自己所受的待遇非常不满意，所以偷偷地用怠工的方式来抗议。

如果属于前者，可向上司提出一些问题，让上司对工作有参与感，例如对上司说："您对这个计划看法如何？虽然会花一些钱，但是销售金额一定能够增加。"如果属于后者，他通常对于人事安排都不大关心，因此必须在成果预测、预算及技术方面下工夫。

（7）诱导型。这种上司很善于引导部下发挥自己的长处。这种上司善于运用"回馈"的心理战术。例如，他可能对你说："上次那件事，常务董事很赞同你的意见，但其他董事认为还有检讨的必要，我也有同感，请你注意这一点，并在这个星期内提出你的建议好吗？"

对于这样的上司，下属只要按照上司的吩咐去做就可以了。如果有觉得不妥当的地方，不妨坦白表示自己的意见。这种类型的上司，应该是能微笑倾听下属意见的。

（8）发展型。这种上司不仅会发掘下属本身具有的能力，还会想办法让下属的潜能进一步充分发挥出来。因此，他要求的事有时比较严格。他可能会对下属说："这件事你来做做看。"这时下属如果说："我没有这方面的经验，恐怕……"上司大概就会大声说："那还用说！有谁一开始就什么都知道的？某某公司的这份资料，你先拿去看看再说。"这种招数实在高明，不告诉你该想哪些事，而是教你如何想。甚至他还希望把你培养成一位不需要上司在一旁督导就可以独立作业的部下。

站在你的立场来看，能遇这样的上司，算是很幸运的事。或许有些时候会比较辛苦，但是这种类型的上司值得跟随。

2. 和上司沟通的七个技巧

（1）要主动报告。说上司不重用我们时，要扪心自问一下，你会主动地报告你的工作进度吗？这一点很重要。所以第一要养成的好习惯，就是对工作进度要主动报告，以便让上司知道你在什么地方，你做到什么程度，一旦有了偏差还来得及纠正。

（2）对上司的询问有问必答而且清楚。对上司的询问吞吞吐吐，有答没答的，这样的下属非把上司气死不可。

（3）充实自己，努力学习。你怎样才能跟上上司呢？这就要求我们不断学习，上司想到什么我们也能想到，上司看到什么我们也能看到，那么他与你沟通就容易多了，一讲就懂，一讲就明白了，这就是心有灵犀一点通，是沟通的最高境界。

（4）接受批评，不犯三次过错。一个人第一次犯错误是不知道，第二次犯错误是不小心，第三次犯错误就是故意的了。给你两次机会，第三次就要拿你开刀了。

（5）不忙的时候主动帮助别人。旁边的人做得不太好，或你不是太忙的时候，应伸手帮上一把。你这样做，上司就会认为你"可爱"，一定会喜欢你的。

（6）毫无怨言地接受任务。有时候上司临时交代一些事情要做，下属就一副死不甘愿的样子，这种下属是令人心寒的。要想让上司喜欢你，那么他交代的任务，就要毫无怨言地接受。

（7）对自己的业务主动地提出改善计划，让上司进步。上司进步，就是这个部门进步或这个公司进步。这个部门进步或这个公司进步，就是每个人会对自己的工作、自己的流程、自己的业务主动地提出改善计划的硕果。

上面七个建议，每一个你稍微注意一下，你的上司就会很喜欢你。到最后你被提拔起来的时候，你猜人家会怎么讲：哎呀，我们领导很了解他。这时，你就告诉他，不是领导了解你，是你让领导知道你。

二、向上司请示、汇报的方法

向上司请示、汇报的方法可概括为 5W1H 的汇报要点法。

1. Who 何人（人）

说清楚关于什么人的，什么人决定的，什么人实施的，等等。

2. When 何时（时间）

什么时候发生，在什么时期之内，什么时候需要，等等。

3. Where 何地（场所、位置）

4. What 何事（对象）

5. Why 何因（目的、理由）

6. How 怎样发生的（方法、顺序）

最后还有一个 H 是后人加上的：How much，多少价钱、价格、经费。

汇报时注意熟练运用上述方法，可以使你的汇报井井有条、层次清晰。

三、上司有"难"，千万不可袖手旁观

张楠被公司炒了鱿鱼。很多人不理解，因为他工作成绩一向不错。他的一个好朋友问他，他才道出了其中的缘由。

有一次，张楠陪老板参加一个高新技术产品洽谈会。在饭厅就餐时，有一个人阴沉着脸冲他们走过来。

张楠认出他曾经是公司的竞争对手，因为他在一次商战中被打败，使其公司蒙受了巨大的损失，他也因此被炒了鱿鱼。从此他对张楠的老板怀恨在心，从对手变成了敌人，他曾扬言让张楠的老板等着瞧。这次忽然在洽谈会上遇见，张楠情不自禁地看了一眼老板，老板很紧张地说："小心他。"

那人走到老板面前，倒了一杯葡萄酒端起，冲老板阴险地一

笑，突然将葡萄酒向老板的脸泼去。老板没来得及作出反应，被泼了个正着，红色的葡萄酒顺着脸往下淌，仿佛满脸鲜血。老板摸起餐桌上的纸巾擦拭的时候，那人已经潇洒地走了。

张楠当时愣在那儿了，他醒过神来时，老板已经转身离开了餐桌。周围的人好奇地冲他们张望，有的人还窃窃私语。

从此，老板就不再给张楠好脸色看。老板私底下和自己的心腹谈起这件事情的时候很是气愤，对张楠很有意见：我已经提醒你了，你应该挡住那杯酒，或者在对方还没泼出酒的时候，先把酒泼到对方脸上，至少也不能让对方扬长而去，怎么也该冲上去揍他一顿。而且老板还表示了自己的态度，这种丑事绝对不能让公司的员工知道，更不能让一知道自己丑事的人待在身边，唯一的办法，就是把这个人撵走。

年底裁员时，张楠理所当然地被裁掉了。人事部在他的解聘通知书上写的辞退理由是："缺乏灵活处理问题的能力。"

讨　论　与　活　动

一、自检：回答下列问题，看看你的上司对你了解多少？

1. 你是什么血型，你的上司是否知道？

_____

2. 你哪个月出生，你的上司是否知道？

_____

3. 你的家乡在什么地方，你的上司是否知道？

_____

4. 你哪个学校毕业，你的上司是否知道？

_____

5. 你的优点是什么，你的缺点是什么，你的上司是否知道？

_____

6. 你过去做过什么，你的上司是否知道？

_____

7. 你喜不喜欢收集邮票，喜不喜欢听古典音乐，喜不喜欢听京剧，你的上司是否知道？

_____

8. 你喜不喜欢打球，喜不喜欢玩桥牌，喜不喜欢喝咖啡，你的上司是否知道？

_____

满分为 100 分，30 分以下的为很不了解；70 分以上的为比较了解；100 分的是完全了解。

二、你与上司如何相处？

请检查自己平时的行为，以及与上司相处的经历，并填写下表：

1. 你的上司是什么样的人？

_____

2. 你是否在帮助上司达到目标？

_____

3. 你的上司是喜欢在上午处理问题，还是在下午？

_____

4. 你对上司寄予你的期望是否了然于胸？

_____

5. 你是否竭尽全力地使你的上司和部门都显得很出色？

_____

结论：

_____

_____

第六讲　与同事和谐相处

李明是一所会计学校的优秀毕业生，毕业的时候凭着自己出色的专业成绩顺利进入了一家大型企业，可是没有想到的是，李明却在试用期结束的时候失业了，为什么呢？下面是他的试用期表现：

李明进入这家企业的时候踌躇满志，希望能够凭借自己的专业知识和能力，一鸣惊人，迅速在公司建立自己的地位。可是真正开始工作后，李明发现实际的工作情况和环境并不像自己原先想的那么简单。首先，李明是个新人，分配的专业活并不多，更多的时候是给别人跑跑腿，帮帮忙。李明觉得这是浪费自己的时间和能力，就不太情愿，对于同事的态度也比较生硬。一段时间下来，同事们倒是不太"使唤"他了，但是对他也很疏远，李明又觉得很苦闷。在工作上，比照自己原先在学校学习的理论，李明对公司的很多做法不以为然，他想，用自己的专业知识帮助公司改进工作也是自己应尽的职责，可是在和同事们提起的时候，大家又都认为他太书生气，不知道公司的实际情况。李明一气之下就去总经理那里"告御状"，心想自己是一心为了把工作做好，希望管理高层能够支持自己。可是他并没有得到自己想要的结果。李明觉得自己受到了很大的打击，更加心灰意冷；每天上班都是没精打采，对其他人也是爱理不理。他觉得自己在这个公司工作也许是个错误，正在考虑是否辞职，没想到却先收到了公司的解聘通知。

如果李明能和同事和谐相处，他会很苦闷吗？他会在试用期结束的时候被公司解聘吗？

基 本 知 识

第一节　与同事相处的原则

同事是与自己一起工作的人，他们是我们在工作中相处时间最长的人。与同事相处得如何，直接关系到自己的工作、事业的进步与发展。如果同事之间关系融洽、和谐，人们就会感到心情愉快，有利于工作的顺利进行，从而促进事业的发展。反之，同事关系紧张，相互拆台，经常发生摩擦，就会影响正常的工作和生活，阻碍事业的正常发展。由于每个人的性格、年龄、心理、习惯都有很大的差异，所以在交往过程中应该采用不同的方法、方式，态度也会有所不同。我们应该从自身出发，在交往中找出最佳的理解点和接触点。一般来说，需要遵循下面几个基本原则：

一、互相尊重原则

人在社会中要和各种各样的人和事打交道，尤其是在人与人的交往过程中，互相尊重尤为重要。尊重他人是人和人相处的最基本原则。渴望受到尊重是每个人的基本心理需求。在人际交往中，我们对所有的人，不管其地位高低贵贱，都应该给予应有的尊重。我们不仅要尊重他人的人格、他人的个性习惯、他人的权力地位、他人的情感兴趣和隐私，还要尊重彼此存在的外显或内在的心理距离，不要轻易地去突破它，破坏它，否则就是对对方的冒犯，势必造成对方的戒备、反感和疏远。

自尊心是人的心灵里最敏感的角落，一旦挫伤一个人的自尊心，他会以十倍的疯狂、百倍的力量来与你抗衡。其实做到尊重别人并不难，有时只需一个微笑、一句问候、一声敬称、一双善于倾听的耳朵、一张不刨根问底散布流言飞语的嘴巴，就会给别人的心情带来阳光和温暖，当然也会为您自己带来真挚的友谊与和谐的交际。

常言道：你敬我一尺，我敬你一丈！如果人们在和别人交往的过程中，人人都能做到：年少不轻狂，年长不卖老！互相尊重，心平气和，就会少许多对抗局面，多许多和谐的气氛。其实，当你开始轻视别人时，也就开始了轻视自我。尊重他人实际上就是尊重自己，当你待他人彬彬有礼，他人待你不可能横眉冷对。抬手难打笑脸人！

一方面要自尊，另一方面要尊重对方，不要随意插手别人工作范围内的事情，以免伤害别人的自尊。当你有能力帮助别人时，要把握好分寸、时机和方法。

二、相互信任原则

在现实生活中，不少人"一切向钱看"，不讲诚信，连自己的亲朋好友都敢蒙骗，由此使得人与人之间信誉度降低，严重损害了人与人之间关系的和谐。信任，是指相信而敢于托付。信任是一种有生命的感觉，也是一种高尚的情感，更是一种连接人与人之间的纽带。信任是架设在人心的桥梁，是沟通人心的纽带，是震荡感情之波的琴弦。你有责任，有义务去信任另一个人，除非你能证实那个人不值得你信任；你也有权受到另一个人的信任，除非你已被证实你不值得那个人信任。互相信任，互不猜疑是处理好同事关系的重要原则，一方面要求自己言必行，行必果，让对方感到你是可信的。另一方面也要求自己心胸坦荡，给予对方充分的信任，遇事不要先猜疑，其实很多非常牢固深厚的友谊都是由于互相猜忌导致破裂的。

三、互相支持原则

同事之间互相支持、互相帮助是圆满完成工作任务的前提，只有工作愉快、轻松、和谐了，才能彼此产生好感，才能有时间和心情交流，才会有良好的氛围，如果每天连工作都一团糟，是没有心情对待任何人和事的。

人与人之间要互相帮助：地狱里，一大群人手拿长勺围着一桶汤，却因为勺太长而够不到自己的嘴，就这样，人人只能望汤兴叹，愁眉苦脸；天堂里，一大群人也是手拿长勺围着一桶汤，虽然勺柄也长，但大家都舀起汤来喂对方，这样就都高高兴兴地喝到了汤。

教师提示

> ➤ 帮助别人，也就是帮助自己；关爱别人，也就是关爱自己。

四、宽容原则

宽容是一门艺术，一门做人的艺术，宽容是一切事物中最伟大的行为。宽容待人，就是在心理上接纳别人，理解别人的处世方法，尊重别人的处世原则。我们在接受别人的长处之时，也要接受别人的短处、缺点与错误，这样，我们才能真正地和平相处，社会才显得和谐。天下没有两片完全相同的树叶，也没有两个完全相同的人。人非圣贤，孰能无过？一旦对方犯了错误，我们也不要嫌弃，应给他提供改过的宽松条件，原谅别人的过失，帮助别人改正错误。对别人的缺点应持包容和担待的态度，并想办法用自己的长处去弥补，这就是我们常说的好朋友应该是互助的。当然容忍也是有限度的，并非无原则的迁就，要建立在

"互相"的基础之上才能发展良好的关系，至少你应该先做到宽容。

宽容之巷：古时候，一个丞相的管家准备修一个后花园，希望花园外留一条三尺之巷，可邻居是一个员外，他说那是他的地盘，坚决反对修巷。管家立即修书京城，看到丞相回信后的管家放弃了原计划，员外颇感意外，执意要看丞相的回信，原来丞相写的是一首诗：千里家书只为墙，让他三尺又何妨，万里长城今犹在，不见当年秦始皇。员外深受感动，主动让地三尺，最后三尺之巷变成了六尺之巷。

教师提示

> ➤ 丞相的宽容感动了员外，才使三尺之巷变成了六尺之巷。人与人之间相处要相互宽容和理解。

五、平等、友好的原则

与同事相处的第一步是平等。不管你是职高一等的老手还是刚入行的新手，都应绝对摈弃不平等的心理，心存自大或心存自卑都是同事间相处的大忌。生活在现实中的每一个人，无论职务高低、知识多寡、贫富差距、身体强弱、年龄长幼、性别不同，在人格上都是平等的。因此，在人际交往中我们绝不能把自己高抬一寸，把别人低放一尺，有意与对方"横着一条沟，隔着一堵墙"，给别人一种"拒人于千里之外"的感觉。如果在交际中出现以权压人、以势压人、以强凌弱，把自己看得高人一等，把别人看得一钱不值，那就根本不可能有人人平等，不可能有和谐相处的人际关系。

对人友好方能使人对你友好，不妨将同事看做工作上的伴侣、生活中的朋友，千万别在同事面前老板着一张脸，让他们觉得你自命清高，不屑于和大家共处。

六、公平竞争的原则

面对共同的工作，尤其是遇到晋升、加薪等问题时，同事间的关系就会变得尤为脆弱。此时，每一个企业的员工都应该抛开杂念，专心投入工作中，不耍手段、不玩技巧，但决不放弃与同事公平竞争的机会。

第二节　与同事相处的方法

人的一生，要做很多事情，事情能不能成功，和我们身边的人有很大关系，古人讲"天时地利人和"，人和是最重要的、起决定性作用的因素。中国人相信事在人为，所有的事情都是人做出来的，而一个人的力量又很微薄，每件事的成功，往往都是很多人共同努力的结果。俗话说，"众人拾柴火焰高"，不管做什么事情，都离不开其他人。工作中的同事更是重要，与同事的关系事关一个人职务升迁，事业成败。一个公司内人际关系是否和谐融洽，也就是人际关系环境的好坏，同样会影响到公司的兴衰。人与人之间，正是通过各式各样的合作、争斗，来做着各式各样的事情。同事之间，因为交往、交涉频繁，人际关系也就千变万化，不可小视之，又要用平常心来看。合理地运用人际关系技巧，可助您在工作中更加得心应手，左右逢源。那么，如何与同事相处呢？

一、真　诚

也许看到这两个字后，你马上就会发出感慨："我对别人真诚了，也没有看到别人对我多真诚。"不要太在乎别人对你的反应。在乎的太多，做人办事就会觉得束手束脚。只要记住一条：

自己问心无愧就好了。而且"路遥知马力，日久见人心"，时间久了，大家自然就会在心里形成一个印象：这个人很真诚，让他办事放心。

二、勤学好问

勤学包括两层含义：一是勤快，二是肯学习。尤其是前者，比如说：你提前半个小时搞好清洁卫生等。同时，你应通过学习，尽快掌握技能并熟悉工作业务。如果你在工作中遇到困难，自己应思考在先，实在不明白的，虚心向同事请教，注意：不要忘了道谢。

三、不要把公事以外的个人情绪带进工作中

一方面保证了工作的正常进行；另一方面，别人和我们一样每天都在"忙碌着"、"烦恼着"，也想寻求轻松和快乐，所以，从为别人着想的角度出发，我们还是应该少把个人情绪加给别人。

案 例

控制自己的情绪

安娜是一个办公室的管理人员，具有丰富的工作经验，为其组织中相当数量的办公室成员承担着广泛的责任。他同丈夫托尼离婚了，与十多岁的儿子和女儿住在一起。她的烦恼是："我总是无法克制地经常向别人发脾气，虽然事后常常后悔，但又总也控制不了自己的恶劣情绪。我们办公室的职员流动相当快，所以对大多数的人很难有真正的了解，而我周期性地与这样或那样的人发生口角。我试图强硬些，也试图亲切愉快些，可什么都不管用。如果我粗暴强硬，他们就怨恨不满并予以回击。而如果我态度可亲，他们又觉得我软弱可欺，想趁机利用我。我在家里的问题也无法解决。我的孩子们都怨我把时间和精力放在工作上，这使我感到我令他们失望了。但更令我自己失望的是，我即便付出这么大的代价，却仍然得不到同事们的理解和拥戴。我曾失落至极，认真考虑过辞职。可是我在个人生活上已感觉失败，如果现在辞职，那么我在职业上也失败了。"

分　析

那么错在哪里呢？安娜显然是成功的职业人员，她的工作涉及操纵其他同事并又离不开他们的支持和拥护，她有不错的学位和职位，有长期的工作经验，可显然她不觉得对工作驾轻就熟。她的症结就在于不能信任同事，尊重同事，无法良好地管理、控制自己的情绪，结果既伤害了自己，又得罪了他人。

教师提示

➤ 在工作单位上要信任同事，尊重同事，管理和控制好自己的情绪。

四、自　信

要学会为自己打气并相信自己。试想一个人连自己都不相信，又如何相信别人？应该明白在工作中，你和别人是一样的，不同的只是可能你比他晚到这里而已。所以我们要学会给自己勇气，让自己和别人站在同一条水平线上。这样，你会发现离成功越来越近。

五、学会沟通

只有沟通，才能让别人了解自己，同时自己也才能了解别人；只有沟通，才能不断增进彼此的理解，从而减少或避免一些不必要的误会和摩擦。越是不作沟通，越是有意设防，就会越难使人心达到交融。沟通需要主动，一味地等着别人与自己沟通，等不来"好人缘"。能沟通不等于会沟通，善于沟通者知道根据不同的对象、场合，采取不同的交际方式，懂得"到什么山，唱什么歌"。沟通总是与口才紧密相连，口才能为你的沟通铺平顺畅的道路，能帮你的交际书写和谐的华章。

六、换位思考

在现实生活中，我们总是习惯从自己的主观判断出发为人处世，因而常导致一些误会的发生。所以，要达到彼此的认同和理解，避免误会和偏见，我们就要学会"换位思考"。所谓"换位"，即俗话说的"板凳调头坐"，就是要善于从对方的角度和处境认知对方的观念、体会对方的情感，发现对方处理问题的个性方式。只有设身处地地多为别人着想，才能够最大限度地理解别人，从而找到相处的最佳途径、解决问题的恰当方法。孔子有言，"己所不欲，勿施于人"，意思是自己所不想要的，不要施加到别人身上。也正如一位哲人所说："你希望别人怎样对待你，你就先怎样对待别人。"因此，交际中只要少一点自以为是，多一点换位思考，就会少一些误解和摩擦，多一些理解与和谐。

七、灵活弹性，留有余地

一个人的人际关系不和谐，原因可能是多方面的，其中往往与他交际方式太死板，不留余地有关。因此，我们需要在交际中建立一个"弹性隔离带"，使自己、对方，甚或双方都能获得更大的回旋空间，以减少或避免一些不必要的摩擦或伤害。比如说，在答应别人时，不要总是那么言之凿凿，一旦自己因客观原因无法兑现，岂不给对方以"言而无信"的印象；在拒绝别人时，不要总是那么生硬地一口回绝，不妨先答应考虑一下，给自己留点回旋的空间，以便到时候"进退有据"；在批评别人时，不要一味地高声大嗓，如果是在公众场合，最好点到为止，照顾一下对方的自尊；与人争论或争吵时，不要口不择言地说些"过头话"、"绝情语"，这不仅会严重伤害对方的感情，而且也往往使双方难以"下台"；在请人帮忙时，不要直接让对方按你的要求去做，一旦事情不该办或对方无能为力，难免会造成尴尬的僵局，等等。大量实践表明：为自己的交往增加些弹性，给自己和他人都留些余地，有助于你的人际关系更加和谐。

第三节 工作内外的同事协调术

美国著名成人教育家卡耐基认为人际关系是成功的最重要的因素。他指出：一个人事业的成功，只有15%是由于他的专业技术，另外的85%要靠人际关系、处世技巧。喜欢别人，又能让别人喜欢的人，才是世界上最成功的人。要做到这一点，就要了解为人的艺术，学习处世的学问。其中协调人与人之间的关系就是很重要的方面。一般来说，工作内是指自己工作所在的室科处单位内、上班时间；工作外是指自己工作所在的室科处以外的单位、下班时间。在不同的情况下同事关系的协调方法是不相同的。这里着重阐述工作内上班时间的同事关系协调术。

一、工作内同事关系的协调术

每一个部门都是一个整体，各项工作都是互相衔接、密不可分的，每个人要做好工作都离不开其他人员的支持和配合。所以，协调好与同事的关系是顺利开展工作的前提和基础。对同事要待之以诚、以情，互相支持、互相配合，切不可盛气凌人、高看自己而小看别人。同事之间在工作中难免出现分歧，要从团结的愿望出发，在互相尊重的基础上协调认识、化解歧见、缩小矛盾，用诚心和公心求大同存小异，从而实现团结合作；不能从私人感情或局部利益出发，以狭隘的心胸对待同事或工作。在日常工作中，要谦虚谨慎、文明礼貌、开诚布公，形成良好的工作人际关系氛围。

1. 与人方便、注意小节

我们经常能听到这样一句话：与人方便，与己方便。我们工作中如果没有了关怀和爱心，同事之间就无法和睦相处。有时候，我们必须为他人的利益着想。如果你只站在自己的角度而不顾别人，那么你就可能受到排挤、攻击。不给他人方便的人，自己也难有好的结果，不爱人等于不爱己。要搞好同事关系，就要学会从其他的角度来考虑问题，善于做出适当的自我牺牲。要处处替他人着想，切忌以自我为中心。我们在做一项工作时，经常要与人合作，在取得成绩之后，我们也要让大家共同分享功劳，切忌处处表现自己，将大家的成果占为己有。提供给他人机会、帮助其实现生活目标，对于处理好人际关系是至关重要的。当他人遇到困难、挫折时，伸出援助之手，给予帮助。良好的人际关系往往是双向互利的。你给别人种种关心和帮助，当你自己遇到困难的时候也会得到相应回报。

越是小事，越是见真情。一些看似无关紧要的小事情，如欠缺礼貌，无意之中的食言，一个不文明的举止动作，很容易破坏自己好不容易建立起来的人际关系。在人际关系中，最重要的往往就是小事情。

2. 适当的赞美，远离流言飞语

胸襟豁达地肯定别人，不失时机地赞扬别人。这样做可以用自己的真情去换取同事的信任和好感。受人赞扬总是令人高兴和兴奋的一件事，你的赞扬和肯定通常能够换回他们对你的赞扬和肯定，因此，同事之间适当的相互肯定和赞扬是有利于团结、有利于形成和谐的团队氛围的。但是，需要注意的是赞扬别人时要掌握分寸，不要一味夸张，从而使人产生一种虚伪的感觉，这样不仅容易失去别人对你的信任，还会使团队出现一种浮夸而不脚踏实地的风气，不利于团队的健康发展。希望得到别人的注意和肯定，这是人们共有的心理需求，在交际中我们应抱着欣赏的心态来对待每一个人，时时留心身边的人和事，多发现别人的优点和长处。赞美是欣赏的直接表达，一句真诚的赞美往往可以给别人也给自己带来好心情。学会发现别人的长处并由衷地赞美吧，这是促进人际关系和谐的"润滑剂"。

俗话说得好：病从口入，祸从口出。有许多人，特别是女性员工，总是喜欢东家长、西家短地议论企业内部的所谓"闲闻逸事"，今天李部长怎么怎么挨批了，昨天陈总又怎么怎么与老婆不和了，等等。这种流言飞语飘出来，不说他们那缺乏真实性的话语让其他人听到了会引起多么坏的影响，就算这些话是事实，在不适当的地点不适当的时间发布这样的信息，也会给当事人造成伤害，甚至是给企业造成损失。流言飞语是一种"软刀子"，是一种杀伤性和破坏性很强的武器，往往造成对受害人心理的伤害，它会让受害人感到厌倦不堪。一个热衷于传播挑拨离间流言的员工，会让其他同事产生一种不信任、避之唯恐不及的感觉。

案 例

来说是非者，必是是非人

刘先生刚刚调入某单位一个月，一个月来由于他处处小心做事，每每笑脸相迎，所以同事们对他的态度也颇为友善，竟不曾遇到他所担心的任何麻烦。一次他和一位同事谈得很投机，便将一个月来看到的不顺眼、不服气的人和事通通向这位同事倾诉而后快，甚至还批评了科里一两个同事的不是之处，借以发泄心中的闷气。不料由于对这位同事了解甚少，这位同事竟是个团云覆雨之人，不出几日便将这些"恶言"转达给了其他同事，立刻令刘先生狼狈至极，也孤立至极，几乎在科里没了立足之地。这时刘先生才如梦初醒，悔不该一时激动没管好自己的嘴巴，忘记了"来说是非者，必是是非人"这样一个浅显的道理。

分 析

刘先生忘记了一个最简单的道理：病从口入，祸从口出。没有管好自己的嘴，结果使自己狼狈至极，也孤立至极，几乎在科里没了立足之地。

教师提示

➤ 在工作单位里，和你再好的朋友，你也要记住，不能和他或她在背后说同事的坏话，说不定他或她在某种时候就把你说的话说出去，或者直接说给被说者，到时候也许你就会和刘先生一样，不好收场的。

3. 招呼闲聊，适可而止

同事之间，如果天天在一起，招呼不打，一句话不说，这是不正常的，同时也无益于工作效率的提高。同事之间需要营造互信和谐的团队气氛，就需要经常在一起沟通。这种沟通绝大多数应该是工作上的，但是"私交"在一定程度上也能够促进团队成员间的感情，增进团队的融洽。需要提出的是，在工作时间之内，这种招呼闲聊应当是保持在一个较小的范围和程度之内，以不影响工作进度和效率为宜。

如果我们平时细心观察，有许多人特别是男同事，把闲聊当成是一种炫耀自己知识面广的一种方式，企图在闲聊时向其他同事传递这样一个信息，那就是：你们熟悉的，我熟悉；你们不熟悉的，我也熟悉！并以此来建立自己的"威望"。殊不知，这样却很容易引起同事的反感，既不利于团结，如果争论起来没完没了也影响个人工作进度和团队工作进度。

工作就是工作，不是菜市场，希望大家能够有这么一个共识。工作不会限制大家的言谈自由，但是一切都应该以工作任务的完成为重。因此，无论任何场合下的闲聊，不求事事明白，问话适可而止，这才是用人单位所欢迎的。

4. 牢骚怨言远离嘴边

不少人无论工作在什么环境中，总是怒气冲天、牢骚满腹，总是逢人便大倒苦水。尽管偶尔一些推心置腹的诉苦可以构筑出一点点办公室友情的假象，不过像祥林嫂般地唠叨不停会让周围的同事苦不堪言。也许很多人把发牢骚、倒苦水看做是与同事们真心交流的一种方式，不过过度的牢骚怨言，既会让同事们对他不再信任：既然你对目前工作如此不满，为何不跳槽，去另寻高就呢？同时也会让上司对他失去信心：一个对企业满腹怨言的人，能仰仗他对企业作出什么大贡献来呢？

这种牢骚怨言的话如果在企业里面流传，会产生传染性的不良后果。人的欲望总是难以满足的，无论企业付出了多么多，或者是如何努力做到公平，总不是绝对的。某一个员工愤愤不平极易引起其他人的共鸣，一个人的怨言于是带动了很多人的怨言，这种情绪如果在企业中蔓延，将极大地影响到团队的积极性和整体的工作情绪。无论在哪个企业里面，这样的员工都是不受欢迎的。同事不欢迎他，因为他不能够给人带来快乐，只是一味地发牢骚和怨言；企业也不会欢迎他，因为他不能够带动生产力的提高也就罢了，还挑动消极情绪。

5. 不在乎被人占便宜

被人占便宜看似是一种损失，其实是一种投资，因为对方会觉得有所亏欠，恰当的时候便会有所回报。当然，太大的亏是不能吃的。另外，有些人占了便宜还卖乖，而且也没有亏欠之心，对这种人不必有所期望，但让他占便宜比得罪他好。

6. 低调处理内部纠纷

在长时间的工作过程中，与同事产生一些小矛盾是很正常的事情。如何处理这些矛盾呢？这需要一定的技巧。这个时候，得注意方法，尽量不要让矛盾公开激化，不要表现出盛气凌人的样子，非要和同事做个了断、分个胜负。退一步讲，就算有理，要是得理不饶人的话，同事也会对你敬而远之，觉得你是个不给同事余地、不给别人面子的人，以后也会在心中时刻提防你的，这样你可能会失去一大批同事的支持。而使内部纠纷剧烈化同样不利于日后团队工作的开展，影响企业运营的通畅。

7. 敢于道歉

诚心实意的道歉能够化敌为友。当然，道歉的勇气并非人人具备，只有坚定自信、具有安全感的人才能做到。那种缺乏自信的人唯恐道歉会显得软弱，让自己受到伤害，而使别人得寸进尺。俗话说："弱者才会残忍，唯强者懂得温柔。"一般情况下，人们都可以容忍别人的错误，因为错误通常是无心之过。当然，那种动机不良或者企图文过饰非的人，就不能得到宽恕。

8. 善于激励别人

同事之中肯定时不时有情绪低落的人，不是因为家事就是因为工作，不是因为工作就是因为感情。这个时候作为同事，你应该扮演一种什么样的角色？如果注意观察，在团队之中，一般比较受欢迎的是那种乐观开朗、积极向上的人，而那种整天唉声叹气、悲观失望的人，虽然开始的时候人们会对他表示同情和安慰，但是如果长此以往，人们就会厌烦：这个人怎么老是让人操心？他在团队里就像一个包袱一样，人们从他这里永远得不到丝毫乐趣。而乐观开朗的人就不一样，他们永远以一种积极的心态对待生活、对待工作和感情，他们天天都显得很快乐，因此跟这样的人在一起，人们同样会感到是生活在太阳底下沐浴着阳光的温暖。这实质上就是一种无形的激励、无形的影响力。他们之所以受同事、上司和企业的欢迎，是因为他们可以激活整个团队，让团队在积极向上的氛围中健康成长。

二、工作外同事关系的协调术

每个单位都由不同的部门组成。在一个单位里，除了要协调好自己所在的部门内的同事关系，还要协调好部门外的同事关系。外求支持合作，内求团结向上——这是做好工作的基础条件。

对内来说，协调好本部门与其他处室科室的同事关系，发挥整体效能，凝聚合力，才能共同做好工作。同一个单位的同事之间，要彼此和平共处，见面要用亲切的声音向同事问好。同事之间要互谅互让，避免不必要的争论。不要自视清高，要承认别人的价值。要信守诺言，尊重别人的隐私；及时回报同事对你的帮助；不要搬弄是非；最应注意彼此交往的礼节。

对外来说，对一些工作中经常要协调和联系的单位，平时要加强联络，以建立良好的互信机制和沟通渠道。主要是协调好与上级党委、政府部门，以及与兄弟单位、友邻单位的同事关系；对外协调要讲究相互配合，在相互尊重业务职权的基础上求同存异，避免冲突，营造良好的配合协作环境。协调好对外关系的关键是要有大局意识和全局观念，防止以自己的小团体利益损害其他单位或部门的利益，否则就会给自己的工作埋下隐患。

视 野 拓 展

当今社会，人与人之间的竞争日益激烈，但这并不意味着合作变得可有可无。相反，随着社会分工的精细和工作内容智力成分比重的增加，许多工作不再依靠个体力量来完成，而要依靠团队合作来实现。一个人即使本领再大，是块"好铁"，但充其量又能打几颗"钉"呢？因此，合作是人际交往的基本准则，一个善于交际的人必定是个善于合作的人。竞争与合作是相互依存，你中有我，我中有你的关系。一方面，竞争中有合作，竞争并不意味着"你死我活"，竞争的目的在于超越自我，共同进步；另一方面，合作中有竞争，合作离不开竞争。我们要学会在竞争中合作，在合作中竞争，最终实现共同发展，共同提高。竞争与合作是统一的。如果只讲竞争不要合作，那么竞争必定是不择手段的恶性竞争和无序竞争，人际关系的和谐也将无从谈起。所以在人际交往中，我们应予对方多一些支持，少一些拆台；多一些协商，少一些固执；多一些沟通，少一些封闭。只有这样，我们的人际关系才能少一些紧张与摩擦，多一些温馨与和谐。

著名心理学家韩三奇说，同事关系主要以利益为主，当两人发生冲突时，一定是妨碍了彼此的利益。利益沟通的关键点是维持双赢。如果任何一方在冲突中失去重大利益，那么以后的冲突就更加严重。只有在相互妥协中达到双赢，才能和谐相处。不要因为与上司的友谊，就处处觉得自己高人一等，这样除了成为众矢之的，受到嫉妒和不屑的目光外，更可能是明里暗里的处处作对；也不要因为朋友的关系，就对某个下属处处照顾。

在现实生活中，人与人的关系之所以会出现不和谐的音符，产生一些矛盾和摩擦，其中就与一方某方面的利益受损有关。因此，要有效化解矛盾，消除摩擦，就不能太自私、"吃独食"，而应坚持"互惠"，追求"双赢"。比如：在交际心态上，不要只想自己享受，不让别人舒服，更不能以置对方于死地为后快；考虑问题时不能只为自己着想而不为他人考虑，只顾眼前的利益而不考虑长远的利益；在双方意见不能统一时，可跳出"思维定式"，谋求一个折中方案；对利益有争议时，双方要坐下来诚恳协商，必要时不妨都作出一定的妥协，人际关系要达到和谐，必须保持一定的平衡，任何一个好的关系都是双方受益，如果一方长期受损，这种关系是长久不了的。在交际中，只要我们肯让自己先退一步，肯把对方的面子给足，肯在自己的底线上留有一定的弹性，肯与对方利益共享，共谋发展，那么，就一定能取得沟通的最佳效果，也一定能使人际关系变得更加和谐。

案 例

一位勤劳的老果农数十年如一日地研究果树新品种，终于获得了成功。令人不解的是，他不是把种子收得严严实实，而是把自己的成果挨家挨户地送给邻居。在他的引导下，全村的果园里种的都是他的优良品种。有人便好奇地问他为什么不保留自己的竞争力，他回答说："我是为了自己的果树。你想，如果邻居用的仍然是旧品种，那我的果树也会被传播的花粉污染。"他的话让人恍然大悟，这种做法既保存了老农自己的果树品质的纯洁，又使邻居获得新的品种，与他人合作进步。这难道不是一种双赢智慧吗？

分　析

老果农把自己好不容易才研究出来的果树新种子挨家挨户地白送给邻居，看起来是一种不可理解的事情，但是，为了自己的果树不被邻居家的旧品种果树的花粉污染，他才这样做的。他的目的是使自己和邻居都达到双赢。

教师提示

➤ 我们在日常工作中，要向老果农学习，学会与他人和谐相处，最终达到双赢的效果。

讨　论　与　活　动

在班上找两个同学，一个扮演王英，另一个扮演张萍，演完后同学们讨论并思考回答问题。

情境一：一天，王英看见张萍已经在办公室里了，于是进入办公室时一言不发。这时，王英发现自己的文件不知道放哪里了？对张萍说："喂，有没有拿了我的文件啊？"

情境二：王英一看见张萍，微笑着向她道一声"早安"。这时，王英发现自己的文件不知道放哪里了？问张萍："请问有没有看见我昨天关于 PD 公司的报价表啊？"

问题：

1. 在这两种情形中，你觉得王英询问张萍的哪种方式，更容易被张萍接受？请与同桌相互讨论一下。

2. 通过这个事例的讨论，我们明白了什么？在今后的工作中，与同事相处要注意什么？

第七讲　建立良好的客户关系

在北京，入住香格里拉大饭店的施密斯先生早晨起来一开门，一名漂亮的中国小姐便微笑着和施密斯打招呼："早，施密斯先生。""你怎么知道我是施密斯？""施密斯先生，我们每一层楼的当班小姐都要记住每一个房间客人的名字。"施密斯心中很高兴，乘电梯到了一楼，门一开，又一名中国小姐站在那儿："早，施密斯先生"。"啊，你也知道我是施密斯，你也背了上面的名字？怎么可能呢？""施密斯先生，上面打电话说你下来了。"施密斯这才发现她们头上挂着微型对讲机。

接着，这位小姐带施密斯去吃早餐，餐厅的服务人员替施密斯上菜时，都尽量称呼他为施密斯先生。这时来了一盘点心，点心的样子很奇怪，施密斯就问她："中间这个红的是什么？"这时施密斯还注意到一个细节，那个小姐看了一下，就后退一步回答那个红的是什么。"那么旁边这一圈圈黑的呢？"她上前又看了一眼，又后退一步说那黑的是什么。这个后退一步就是为了防止她的唾沫溅到菜里。

施密斯退房离开的时候，刷卡后服务生把信用卡还给他，然后再把施密斯的收据折好放在信封里，还给施密斯的时候说："谢谢你，施密斯先生，真希望第五次再看到你。"施密斯这才想起，原来那次是他第四次去。

3 年过去了，施密斯再也没有去过北京。有一天他收到一张卡片，发现是北京的香格里拉大饭店寄来的："亲爱的施密斯先生，3 年前 5 月 20 号你离开以后，我们就没有再看到你，公司全体上下都很想念你，下次经过中国一定要来看看我们。"下面写的是:"祝您生日快乐。"原来那天是施密斯先生的生日。

现在,施密斯先生只要到北京出差,一定会入住香格里拉大饭店,并会介绍他的朋友、合作伙伴也选择香格里拉大饭店。香格里拉大饭店的服务真正做到了顾客的心坎里。

在商务活动中,客户可以说是企业最大的股东,是员工的衣食父母。如何善待客户,如何在服务细节上做足工夫,如何巩固客户关系,香格里拉大饭店员工的做法给了我们一个很好的启示。

基 本 知 识

第一节 全面了解客户的资料

一、客户资料

要做好客户服务工作,建立良好的客户关系,首先要全面了解自己的客户,这是客户服务工作的开端。客户不一定是产品或服务的最终接受者,他们可能是一级批发商、二级批发商或零售商,而最终的接受者是消费产品或服务的个人或机构。客户不一定在公司之外。内部客户的概念日益引起企业的重视,它将企业内的上、下流程工作人员和供应链中的上、下游企业看做是同事或合作关系,将强化企业各部门的服务意识,提高企业的工作效率。

1. 客户的背景资料

客户的背景资料主要包括以下内容:

● 客户组织机构,即公司或客户的工作单位,这是客户服务人员的最终工作对象。

● 各种形式的通讯方式，包括办公电话、移动电话、E－mail，等等。

● 区分客户的使用部门、采购部门、支持部门，要了解对象公司的哪个部门是产品的最终使用者，哪个部门又具有采购决策权。

● 了解客户具体使用维护人员、管理层和高层客户。

● 客户的业务情况，即客户跟本公司的业务来往情况，如产品使用情况、年度交易额，等等。

● 客户所在的行业基本状况，包括客户所在行业的发展现状、发展趋势、客户在行业中的地位等信息。

2. 客户的个人资料

了解客户的个人资料有助于客户服务人员提供更加优质的服务。需要了解的客户个人资料包括：

● 客户的基本资料，包括客户的年龄、收入情况、教育背景、家庭状况、籍贯，等等。

● 客户的特别爱好，包括爱好的运动、喜欢的书籍甚至宠物，等等。了解这些情况可以使得客户服务人员在跟客户沟通的时候能够找到更多的话题，提高客户服务的满意度。

● 客户在机构中的作用，如客户的职位、所在部门，等等。

二、收集客户资料时需要注意的问题

尽量不打扰客户的正常工作和生活。每个人都不喜欢自己的工作或生活受到打扰，所以客户服务人员在进行资料收集时都要注意不要影响到客户的工作和生活，尤其是不要在客户休假的时候贸然打扰客户。

力求准确，要能辨别虚假信息。通过网络或小道消息收集来的资料尤其要引起注意，一定要认真核实，以免在日后与客户沟通的过程中使用错误的资料引起客户对公司的不信任。

抓住关键，剔除无关信息。在利用网络收集有关信息的时候，会出现大量无关或无效的信息，这就需要企业认真地筛选，找出有价值的客户信息。

不随意透漏客户的重要信息。要注意客户资料的保密工作，不要将客户的资料暴露在公共场合，更不能在不加任何保护措施的情况下将资料放在网上。

三、收集客户资料的途径

客户资料是企业的重要资料，通过客户资料的收集，能够及时地了解市场的动态以及发现潜在的客户。那么，如何收集客户资料呢？

1. 通过正常业务活动和与客户的交往收集

比如请客户填写客户资料表、客户意见表，从中获取客户资料。在与客户交往中客户自然透露的信息事后记载整理，也是很好的客户资料。

2. 参加行业展览会洽谈会、收集资料

● 会刊及宣传资料。会刊上一般都有各个参展企业的信息，并且比较完整全面，可以向会展组织单位或其他人索要会刊。会展上各种宣传资料也包含着大量的客户信息，要尽可能多地收集。

● 展会现场。在展会现场发放公司宣传资料或者小礼品，并要求对方在客户登记表上填写客户资料，一般应该包括姓名、工作单位、职务、联系电话等。

● 收集名片。一般参展企业都会在自己的展台上摆放名片供人们索取，也可以主动向对方索要名片，并提供自己的名片互换。

● 拜访展台。可以拜访不同展台和相关厂商交流，并且互相留下联系方式，事后可以在笔记簿上对客户资料作适当的补充，如客户企业的规模、产品信息等。

● 向会展组织单位要通信录。一般会展组织单位都会制作一个精美的会展通信录，内容包括参展各个企业的名称、联系方式，也有的一些还包括企业的简介等。

3. 通过报刊、广告等收集客户资料

● 通过报纸收集客户资料。主要是通过客户刊登的广告信息收集客户的资料，一般都能获得客户的单位名称，联系电话、地址等信息。

● 查阅黄页。一般黄页上包含大量的客户信息，资料翔实可靠，并且经过了行业分类，便于下一步客户资料整理工作。

4. 通过互联网收集

● 通过搜索引擎收集客户信息，如可以在"百度"、"google"等搜索引擎上输入关键字查询客户信息。

● 浏览专业性的网站，可以浏览本行业的专题网站，也可以浏览一些综合的行业信息网站，如"赛迪资讯"、"慧聪网"等。

● 直接浏览企业网站，可以上网查找某企业的网址，然后直接访问其网站，这样收集的客户信息比较完整全面，也较有针对性。

5. 通过专业机构收集客户信息

选择专业调查机构时要考虑他们的专业经验、人员配备、专业化水准、服务价格等因素。

6. 加入行业协会或某些社会团体

行业协会一般都会向会员提供本协会各个会员的信息，并且行业协会的各种活动也是接触客户获得客户资料的机会。

7. 通过合作伙伴或亲友的介绍

通过合作伙伴或亲友的介绍还可以收集到客户的详细信息，一些其他渠道收集不到的信息，如客户的爱好甚至家庭情况都有可能通过朋友介绍收集到，并且还可以经介绍直接与客户取得联系。

第二节　创造完美客户服务，维护客户关系

一、待客如宾，亲切问候

在客户服务中，成功的 80% 就是看见客户一露面，便像接待贵宾一样致以亲切的问候，友好地致意，事情虽小，却意义重大。

1. 马上展开对话

研究人员曾作过这样一个测试：选择几个不同类型的企业，就客户等待被招呼的秒数进行测定。然后，研究人员询问客户他们等了多长时间。无一例外的，客户估计等待的时间都比实际的时间长得多。等了三四十秒的客户常常感觉像是等了三四分钟之久。当你被冷落时，时间似乎也过得缓慢了。

2. 及时打招呼

员工应该在客户迈进大门或走进工作区的几秒钟内致以问候。哪怕当时正忙于接待另外一位客户或者正在讲电话。员工也应该停一下，说声"你好"，让客户知道他们马上就会为他提供服务。

及时、友好地打招呼能让客户感到适意并缓解他们的紧张情绪。客户为什么会感到紧张？因为他们来到了一个陌生的地方。员工每天都在那儿工作，而客户不过是逗留一下而已。及时、友好地打招呼有助于大家放松心情，使接下来的交流得以惬意顺利地进行。

二、打破沉默

在许多情况下，特别是在零售店，顾客首先需要的是确信这里是一个不错的、友好的购物场所。他们需要克服那种在很紧张的心绪下买东西的疑虑，要知道，这种疑虑是令许多人厌烦的。为了消除顾客的这些疑虑，商家可以主动上前打破沉默。针对那些四处走走看看的人而言，打破沉默最好的办法是可以说一句题外的、很友善的话。好的题外话有以下这些。

● 恭维话，比如"您的领带真漂亮"，"您的孩子实在太可爱了"。

● 谈谈天气或当地人感兴趣的话题，比如"阳光明媚，很美妙是吧"，"外面下着雪，对吧"，等等。

● 闲聊，你可寻找有关客户感兴趣的线索，比如体育、工作、老乡关系、过去的经历，等等，然后发表一句相关的评论。

● 如果顾客把注意放在某个产品上面（比如他手上拿着几件衬衣或正在仔细审视某一件），那么这个顾客就不再是到处逛逛的"浏览者"，而是一个"有针对性的购物者"了。对于这一类顾客，打破沉默的最好的办法就是说一句与购买决定更相关的话。

● 预见顾客的问题，比如"先生，你要找什么尺寸的"，"我能帮您选一件吗"之类的。

● 提供额外的信息，比如"那些装饰品今天都是七折的"，"那些款式我们的储藏室有其他颜色的"，等等。

● 提供意见或建议，比如"那些条纹西服本季真的很流行"，等等。

● 要留意顾客的需要。如果那就是顾客想要的，要给他们时间慢慢看，不过当他们准备妥当时，要及时响应，帮助他们作出购买决定。根据对零售行业的调查研究显示，所有购物决定的

60%～80%是在商店的销售点上临时作出。而这些销售点正是顾客与员工及组织的个性面对面接触的地方。要打消顾客的疑虑，让他们知道你们能够帮助他们。要多多询问以了解他们的需求、他们所关心的事情或问题。

三、真诚而坦率地赞美客户

向别人说句好听的话不过是张嘴即来的事情。这种赞扬和恭维能大大增加客户的好感，给客户一个好印象，所以员工应该找机会向客户和同事说些赞美的话。真诚的赞美包括：

- 关于他们的穿着或配饰，比如"我喜欢那件运动衫"，"那双鞋看起来很舒适。我一直想买那样的款式"，"多漂亮的项链啊"。
- 关于他们的行为，比如"谢谢你，久等了。你真有耐心"，"我注意到你在检查那些货品。你真是一个细心的购物者"。
- 关于他们拥有的东西，比如"你的车很漂亮，是哪一款的"等。

四、称呼客户的姓名

对于任何一个人来说，世上最悦耳的声音莫过于喊他自己的名字了。当别人在与我们交谈时称呼我们的姓名，我们心里会有一种暖洋洋的感觉。

在适当时候，员工应该向客户作自我介绍并询问他们的姓名。如果条件不允许（比如客户排队时），员工通常可以从支票、信用卡、订购单上获知客户的姓名。

要注意的是，不要过快地表现出与客户很熟络，因为有些客户会觉得这样是对他们的不尊重。因此，为稳妥起见，最好用正式的尊称。如果客户喜欢被直呼其名，他们会告诉你的。

五、通过眼神与客户交流

即使在你无法大声说出"你好"或是抽不开身马上招呼一个客户的情况下，你也可以通过眼神与客户交流。只需看着客户便能传达你为他们提供服务的意愿。眼神交流构建了你与客户之间的联系。它表达了你愿意与客户作进一步沟通的兴趣。

正如你得马上开口问候客户一样，眼神交流在时机掌握上也是很重要的。要尽快地与客户进行眼神交流（在几秒钟内），即使你正在忙于接待另外一位客户。你用不着完全停下正在做的事，你只需暂停一下，向刚进来的客户快速地瞟上一眼，以减少他们感到被怠慢而离去的可能。

注视他人5～10秒钟然后将眼睛转开就能营造一种"包容的效果"。一般来说，这个时间会让人们感到比较舒服。如果注视对方的时间太短，会给人一种游离躲闪、形迹可疑的感觉；如果盯着别人看的时间过长，感觉就像威慑别人或传达柔情蜜意那样，也会让人感到尴尬、不舒服。

六、经常问"我做得怎么样"

企业和员工需要问这个问题，而且要尽可能以更多的方式来问这个问题。除了使用更为正式的测评和反馈机制，员工还应该表现出一种乐于接受客户意见的态度。乐于接受客户的意见和批评是一件具有挑战意义的事情，有时你会为此感到失落和沮丧。而我们要做的不仅是接受批评，而且实际上是主动要求批评，这可需要更大的勇气。不过，经常询问"我做得怎么样"并获得有关的反馈信息对于表现一种开明的个性是非常关键的。

七、不只是用耳朵倾听

没有不受欢迎的倾听者这回事儿。当有人停止说话并且开始倾听我们的时候，每个人都会更加兴致勃勃。

有效倾听至少要做到以下这么几点。

• 关注客户所说的内容而非他们表达的方式。客户在表述问题时也许会"用词不当"，但是他们比谁都清楚自己的需要。

• 隐忍不发。不要匆匆忙忙下判断或是在客户话没讲完时打断他的思路。

• 下些工夫倾听。保持眼神交流，克制自己，认真倾听客户说话，不要想那些让你分神的事。

• 全神贯注。把注意力集中在客户身上。

• 从客户那里寻求更清晰的说明以完全理解他们的需要。用一种非胁迫性的方式去做，建议使用诚恳的开放式的问题。

八、多说礼貌用语

"请"、"谢谢"、"不用谢"这些词语在建立客户关系、营造客户忠诚方面有着巨大的威力。要信守这些礼貌用语，当交易达成时要避免说像"就这样了"之类的话。真的再没有比这些传统用语更好的话了。

九、打消疑虑，增强客户的购买决心

顾客反悔常有发生，在销售时，服务者可以通过打消客户的疑虑、保证他们作出了一个明智的购买决定来预防这种事后反悔的情况的发生。像"我敢肯定你会从中得到很多乐趣"或"你们全家会喜欢它的"这样的话有助于打消顾客的疑虑，增强他们购买的决心，同时重要的是，增强他们对购物的好感。一位政府机构人员可以说，"我敢保证你会高兴，因为下一年的手续都办好了"或"我会负责更新，你已经做了所有该做的事"。这些令人宽慰的话能以积极的方式折射出你的个性。

十、微笑的魅力

正如一句古谚所说，"除非面带微笑，否则穿着再漂亮也于工作无益"。微笑会告诉客户他们来对了地方，他们置身于一个友善的世界。

员工可以学着像个演员那样练习自己的面部表情。如果你是一个不爱笑的人，可以对着一面镜子进行练习。这听起来有点古怪，但是微笑的好处要求并值得你这么做。

十一、使用良好的电话沟通技巧

通过有效地运用声音来弥补所有损失的非语言交际。下面是一些有助于电话沟通时展现个性的重要行为。

• 报上姓名。让致电者知道你是谁，就好像在面对面交谈时你会做的一样。

• 向电话微笑。不管怎么说，微笑可以通过电话感染对方。有些电话营销员会在面前放一面镜子，以时刻提醒自己在打电话时要注意面部表情，因为它们会通过电线传送给电话那一头的人。

• 随时向致电者通报情况。如果你需要查找信息，告诉客户你正在做什么。不要让致电者干等，以至于搞不清楚你到底还在不在那儿。

• 引导致电者直奔主题。可以这样问，"我能为你做些什么"？

• 对致电者的请求进行处理。告诉致电者你具体需要做些什么，何时回复他们，比如"我要核查一下这个计费问题，今天下午5点前给您回电话好吗"？

• 对致电者表示感谢。这提示他谈话已经结束。

• 注意说话的声调、速度和音量。在声音中添加一点生机和活力就能吸引并保持对方的注意力。通过声音的抑扬顿挫以及语速、音量的调节来真诚地响应对方的话。说话时注意声调要自然、友善。

● 措辞友善、得体。绝不要指责客户任何事情，绝不要传达"客户的请求很过分"这样一种信息。

十二、保持适当的身体接触

身体接触是一种强有力的交际形式，它能够影响客户对服务提供者个性的感知，成功的员工通常会找机会与客户握握手，如果适当的话甚至会拍拍对方的后背。

在内部客户和同僚之间，轻拍一下后背能够马上建立一种亲密的关系，但是注意要适当，不要做过头了，因为有些人对那些随便碰触别人的人很反感。要认识到每个人的喜好不同。不妨尝试与人身体接触，但是如果这让别人感到不舒服或不自在就要适可而止。

十三、享受与人打交道的过程

人与人不同，每个人都有其独特的个性。但是，最能提供给我们成长机会的人是与自己不一样的人。如果我们都一样，那么这个世界就索然无味了。所以要接受客户是形形色色的这一现实，并且学会乐在其中。要明白在某种层次上人们的需求基本是相同的，像接待宾客一样对待所有的人就是表达你最大的善意。

客户和同事类型的五花八门是现代企业面临的一个现实。人们的身材、外形和年龄各异，其信仰、收入状况、态度和行为也大不相同。这种多样性使工作充满了乐趣——只要我们不去作评判，待他们像宾客一样就好了。

十四、保持一种积极的销售态度

从根本上说，卓越的客户服务就是一种销售形式。在商界，我们友善地对待他人，就是为了让他们觉得在我们这里购物很愉快。像任何职业一样，销售要求一定的技巧和态度。但是这些技巧和态度会与人们想象的不同。比如说，有些人会惊奇地发现成为一个成功的销售员不必是个性格外向的人。文静、富有思想的人往往很成功。一份安静的自信比技巧更重要。如果你同意以下这样的说法，那么你有可能成为销售的行家里手。

• 我能很快很容易地将陌生人变成朋友。

• 我能吸引并保持住别人的注意力，即使在我与他们未曾谋面时也是如此。

• 我喜欢新的环境。

• 对于不相识的人，我在心理上有一种与之会面并建立良好关系的强烈愿望。

十五、注意着装打扮及工作环境

从我们见到别人的那一刻起，我们就立刻开始了对他们的品评和总结。我们怎么看待他们的品质、能力以及是否可信赖很大程度上取决于第一印象。正如古谚说，你只有一次机会留下第一印象。而着装的方式就是第一个线索。

有个汽车修理店曾做过一个关于个人外观形象的有趣的实验，结果是那些穿戴一新的修理工揽到的回头客比其他人要多得多。客户会找穿得更整洁的修理工，而那些选择"老样子"穿衣打扮的人发现他们揽到的活儿少了。

不过要记住，在着装打扮上关键是要"适当"，首先应该决定你希望向客户传达什么水平的专业化，然后设计一种能够反映你们的能力和你们企业个性的外在形象。客户会注意到这些东西。

教师提示

➤ 对于客户来说，你的形象就是你所在单位的形象，你的行为就是你所在单位的行为，对你的信任和喜爱，就是对你所在单位的信任和喜爱，因此要尽一切努力创造完美客户服务，维护好客户关系。

第三节　妥善处理客户抱怨，巩固客户关系

一、客户抱怨及其产生的原因

客户对产品或服务的不满和责难叫做客户抱怨。客户抱怨，即意味着经营者提供的产品或服务没有达到他的期望，没有满足他的需求。另一方面，也表示客户仍旧对经营者有期待，希望能改善服务水平。

那么到底是哪些因素导致客户不满。哪些事情可能导致这样的风险——让我们失去一个客户、合作者或者员工？

1. 价值诱因

（1）保障很差，或者没有后备产品；

（2）质量低于预期；

（3）商品不值所付的价格。

2. 系统诱因

（1）服务响应太慢，或者无法寻求帮助；

（2）业务场所肮脏、杂乱；

（3）产品品种贫乏，或者缺货；

（4）地点不方便、陈列不合理、停车条件不好。

3. 员工诱因

（1）缺少礼貌、不友善、或者心不在焉；

（2）员工的业务知识不足，或者不能解决问题；

（3）员工外表或行为不雅。

二、有效化解客户抱怨，留住客户的技巧

任何企业都可以在一帆风顺的情况下提供较充分的服务。然而，研究表明，客户大约每 4 次消费就有 1 次会遇到或大或小的问题。不错，约有 25% 的客户会对某个特定交易的某个方面感到不满，有所报怨。

企业的员工常常低估一个不满意的客户可能导致的负面涟漪效应。为了减低这种涟漪效应的影响，我们需要发展客户挽留技巧。

1. 感同身受

发展挽留技巧的第一步是要认识到不顺心的客户可能深感失望、容易发怒、垂头丧气甚至痛苦不堪——而且他们在某种程度上怪罪于你，通常他们希望你满足以下部分或全部要求。

- 倾听他们所关心的问题并认真对待。
- 理解他们的问题和他们生气的原因。
- 如果产品或服务令人不满意，要予以补偿或提供退货。
- 分担他们的紧迫感，迅速有效地处理问题。
- 避免造成进一步的不便。
- 尊重他们并以感同身受的态度相待。
- 惩处肇事者（有时）。
- 担保同样的问题不会再发生。

你无须在每个情境下都做到以上各点，不过一般来说，应对一个恼怒的客户需要达到其中大部分的要求。

2. 全力解决问题

要确保你清晰地理解客户的问题或需要。你可以恰当地提问以澄清问题，但不要盘问。例如，"您能告诉我具体的情形吗"之类的表达可以传递一种你真诚且乐意提供帮助的感觉。

一旦问题的性质搞清楚了，尽可能采取迅速的行动消除问题。客户会欣赏你迅速采取行动消除问题的任何努力。如果需要更换产品，不要拖延，如果需要维修（或再次维修），尽早安排时间。

3. 更进一步：提供"象征性补偿"

给予客户某种实惠，以弥补他们所遇到的问题，通常不能完全弥补所受到的损失，但象征性补偿表明了你愿意为此付出努力。这种额外的姿态有助于安抚客户，赢回他的忠诚。

以下这些做法可能让一个正在投诉的客户大有好感。

● 对于换货、维修、主动提供上门服务。如果客户的汽车需要修理，汽车经销商可以上门拖车而不必让客户自己把车弄来，这将赢得客户的极大好感。

● 以礼物补偿不便。礼物可以很小，但应当起到礼轻情义重的效果。比如给久等的餐厅客人送少量免费的点心，或者给前来打印却等待许久的客户额外打印几份。

● 现金补偿：比如为前来更换产品的客人支付停车费，邮购公司常常支付寄回产品的全部邮资，以减少客户的懊恼和不便。

● 承认给客户造成不便，感谢他给予纠正的机会。

● 真诚的道歉很有用。道歉的措辞要情真意切。可以用这样的说法表达感同身受的态度"我知道这很令人焦急……"

● 跟踪进展，确保问题解决。

4. 事后学习

问题解决后，你需要回头审视一下，借以提高你的技能。思考你所使用的客户挽留技巧，向自己提出这样一些问题：

- 客户的投诉属于什么性质？主要是因为价值问题、系统问题还是人员问题而产生？

- 客户是如何发现这个问题的？责任在谁？最惹恼客户的是什么？他为什么感到愤怒或沮丧？

- 你如何看待这个问题？客户是否有部分责任？你对客户说了什么有助于缓和气氛的话？

- 你说了什么似乎更加严重的话？

- 你如何表达对客户的关怀？

- 现在看来，如果还出现类似的情况，你将会有什么不同的做法？

- 你认为这个客户还会重复购买吗？为什么？

- 把你对这些问题的回答仔细记录下来，这样可以帮助你建立信心、提升专业能力。

5. 客户还不满意怎么办

如果你尽了最大努力满足客户，你已尽到自己的责任，可客户还不满意，怎么办？

- 不要感情用事。不顺心的客户通常说些并非出自他们本意的话，他们只不过是在发泄怒气、表达沮丧。如果问题真是你的过错，要下定决心从中学习，下次把它做好。如果局势在你的控制能力之外，做你所能做的一切就好了，不要意气用事。

- 不要向同事叙述你的体验或让事件不断在头脑中重演。过去的就过去了，向别人复述这个经历可能不会让他们的一天过得更愉快，在头脑中重演也会令自己发疯。不过，你可以问其他人，换作他们会怎样处理这种情形。

- 提升服务技能是一种持之以恒的职业活动。回顾以往的经历，无论是正面的还是负面的，对于指导未来行动都是十分有益的。从成功中学习，也要从失败中学习。

一、全面了解客户的资料

梳理一下你的人脉关系，看看你有哪些"客户群"，每个"客户群"对你的学习、生活、事业会有哪些帮助。

1. _____

2. _____

3. _____

…………

二、完善客户服务，维护客户关系

对待客户的八条准则：

第一条　我们坚信：客户永远是对的！

第二条　我们努力通过我们的服务给每一位客户舒适的心情，我们的价值就是为客户服务。

第三条　良好的仪容仪表是我们服务客户，最优先要做好的一件事情。

1. 着装整洁、美观、大方，以展示公司良好的企业形象；

2. 工作期间要规范地佩戴工作卡；

3. 仪容庄重大方，化妆一般只能化淡妆，佩戴饰物要得体；

4. 保持个人卫生，不给客户造成不良的视觉形象。

第四条　得体的行为举止是我们个人修养的外在表现。

1. 面带微笑，精神饱满，彬彬有礼，举止得体；

2. 与客户对话时要心平气和，语音适中，双目正视对方；

3. 接待顾客时一般要主动打招呼，站立姿势要端正，不叉腰，不抱胸，不背靠他物；

4. 做到有问必答、解释耐心，对客户不得有抱怨情绪；

5. 不与顾客争辩、吵架，要得理让人，必要时请管理人员协助解决；

6. 工作出现差错时，必须当面向客户道歉并及时纠正；

7. 在岗工作时不得聚集聊天、嬉戏、不做与工作无关的任何事情；

8. 不得撤离岗位；

9. 尊重每一个客户，不与客户开玩笑，接待客户完毕后，点头示意或用礼貌语言告别。

第五条　我们的礼貌用语是发自内心最真诚的声音。

第六条　我们乐于接受客户的意见、建议、批评和投诉，我们本着实事求是的态度持续改进我们的工作，实现每天前进一步，永远真诚服务的服务方针。

第七条　对不友好的客户我们应该以忍让为先，不卑不亢，出现问题时要有礼有节，决不火上添油，如果遇上自己不能解决的事情，应该马上请示上级主管处理。

第八条　当危害到顾客或员工的安全时我们应该沉着冷静，妥善处理。

三、妥善处理客户抱怨，巩固客户关系

深度服务：在细节上做足工夫。

注重细节，达到精益求精的程度，这是职业人士的态度。精益求精是追求成功的卓越表现，也是生命中的成功品牌。一个人做事精确的良好习惯要远远超过他的聪明和专长。如果一个职业人士在工作中技术精湛、本领过硬、态度谨慎，那么他必定能出类拔萃、脱颖而出。

对一种商品来说，质量好、性能优越是质量上最好的广告。

对一种服务来说，以细心的关怀和精心的态度迎来回头客，

是对你的服务的最大肯定。

全力以赴、力求至善的精神，对人一生的影响是无可估量的，差以毫厘，谬以千里。平庸和卓越，一般与最好之间有着巨大的差别。只要我们对自己所做的一切精益求精，在细节上做足工夫。我们终究会磨炼出超人的才华，激发出那潜伏的高贵品质。一旦这种力求至善的精神主宰了一个人的心灵，渗透进一个人个性中，它就会影响一个人的行为和气质。做事追求完美的人，他不会忽略任何一个细节，他明白细节决定成败。他会用自己的细心与精心圆满地完成一项工作，并从中得到满足与乐趣。

讨 论 与 活 动

1. 你多长时间称赞他人一次

你多长时间称赞他人一次？为了得到一个更好的回答，试试这样做吧：带上一个小笔记本，记下你称赞他人的次数。每次与人交谈后，总结一下你说了几句赞扬的话并且将次数记下来。坚持一段时间这样做——一小时、半天或是一整个工作日。

然后，培养称赞他人的习惯，不妨这样做试试：设定一个目标，每天说10句真诚赞扬的话。看着会发生什么。你可能会发现自己受欢迎的程度急剧增加。要知道，人们喜欢被称赞、被恭维。当然，称赞内部客户（比如同事）也有助于营造一种相互支持的、令人愉快的工作氛围。

2. 我的服务痛点

快速列举你作为客户所经历的10个具体的不满诱因。办理业务时哪些事情使你感到恼火？设想以下的服务情景：商场购物、维修、就餐、在政府部门办事，等等。尽量具体地列出使你感到恼火的理由。可以举例说明。

（1）＿＿＿＿＿＿＿＿＿＿＿＿＿＿＿＿＿＿＿

(2) _____

(3) _____

(4) _____

(5) _____

(6) _____

(7) _____

(8) _____

(9) _____

(10) _____

　　大量的研究可以预言，以下这些客户不满诱因中的某一些可能出现在你的清单上。

　　①受到怠慢，或者受到粗暴或冷淡的服务。

　　②等待时间太长。

　　③忍受质量低劣的手艺（尤其是维修时）或劣质产品。

　　④想要购买减价产品却发现缺货。

　　⑤发现商品没有价格标签，被迫到收款台查询价格。

　　⑥忍受肮脏的餐厅或洗手间（有人说洗手间是否干净是客户关怀的关键指标）。

　　⑦电话等待时间过长，或语音菜单选项太多。

　　⑧员工缺乏产品知识（并试图"蒙"客户）。

第八讲　生活和职业交际案例

案例一　四川汶川特大地震

2008 年 5 月 12 日 14 时 28 分，四川省汶川县（北纬 31 度，东经 103.4 度）发生 8 级强烈地震，震源深度 10～20 公里。四川省成都市震感强烈，震感波及全亚洲。汶川 8 级特大地震，给震区及周边地区造成巨大破坏，北川县、绵阳市、德阳市、茂县、平武县等数 10 个县市的房屋垮塌严重，公路、电力等公共设施严重毁损……震区已成为一片废墟；截至 2008 年 7 月 21 日，地震已造成 69 197 人死亡，374 176 人受伤，18 222 人失踪。2008 年 9 月 4 日，国务院新闻发布会公布的数字表明：这次造成的直接经济损失 8 451 亿元人民币。在这些损失中，民房和城市居民住房的损失占总损失的 27.4%。包括学校、医院和其他非住宅用房的损失占总损失的 20.4%。另外还有基础设施，道路、桥梁和其他城市基础设施的损失，占到总损失的 21.9%，这三类是损失比例比较大的，应该说 70% 以上的损失是由这三方面造成的。灾后，全国各族人民众志成城，纷纷参与救灾抗灾，为灾区捐款捐物，支援灾区建设，让灾区群众在大灾之后感受到了大爱，感受到国家和民族的力量。

启 示

1. 尊重生命，珍爱生命

震灾中，政府和媒体的信息公开使我们直面这场大灾难。面对着伤亡数字、震后废墟、抢救现场等震撼人心的画面，每个人都获得了心灵的冲击和人性的洗礼。从"不惜一切代价抢救被埋人员"到全国哀悼日，中国第一次为平民遇难者降半旗，都体现了对生命的尊重。死者长已矣，我们活着的人也应该对生死看得更加豁达、坦然一些。珍爱生命，享受生活，做好自己应该做的事情，也许是对死者最好的慰藉。

2. 责任高于一切，成就源于付出

四川省安县桑枣中学的师生在这次地震中无一伤亡，这应该感谢他们的校长——叶志平。他在任期间不断地加固修整学校的建筑，并多次组织师生避险紧急疏散演习。大地震发生时，叶志平不在学校，多次加固的教学楼没有瞬间倒塌，训练有素的师生们也只用了不到两分钟就全部集合在操场。这个学校的墙上写着："责任高于一切，成就源于付出。"

但是这只是非常个别的例子，大部分校舍在这次地震中严重垮塌，学生伤亡惨重。抛开建筑结构不谈，这些校舍大部分水泥预制板中甚至都没有钢筋而只有铁丝。对于这些建筑商和主管官员，责任何在？良心何在？希望这些孩子的死能够换取将来更多孩子的安全。这次地震给我们敲响了警钟：

建筑商：要记住，你们盖的房子以后是要有成百上千的人在里面工作、生活的，你们要对他们的生命安全负责任，尤其是像学校这样的高密度群体地区，更应该保证质量；

教育部门：每个学校都应定期搞紧急疏散演习，并在所有的小学开设有关灾害预防、生存自救等的课程。

3. 爱心无价，捐赠自由

赈灾捐款，对捐赠者来说，有了这份心意，捐多少都没关系，只要他们自己问心无愧，我们都应该表示感谢。对旁观者来说，不能把自己的道德标准强加于人，更不能用金钱的多少来衡量爱心，捐不捐或者捐多少，都是别人的权利，而不是义务。如果某人/公司没有捐或者你认为他捐得少，你大可以抵制，但如果进行攻击，那就是暴民了。

汶川大地震即将成为历史，而灾后重建还将是一个漫长的过程。我们不仅不能忘却这段历史，更应该从中学到些东西，这应该才是所谓的"多难兴邦"的真正含义。

相关链接

地震逃生十大法则：

1. 为了您自己和家人的人身安全请躲在桌子等坚固家具的下面；
2. 房屋摇晃时立即关火，失火时立即灭火；
3. 不要慌张地向户外跑；
4. 将门打开，确保出口畅通；
5. 户外的场合，要保护好头部，避开危险之处；
6. 在百货公司、剧场时依工作人员的指示行动；
7. 汽车靠路边停车，管制区域禁止行驶；
8. 务必注意山崩、断崖落石或海啸；
9. 避难时要徒步，携带物品应在最少限度；
10. 不要听信谣言，不要轻举妄动。

案例二　三鹿奶粉事件

三鹿奶粉事件引起广泛关注可以追溯到 2008 年 9 月 11 日。中国卫生部于 9 月 11 日晚指出，当时甘肃等地报告多例婴幼儿泌尿系统结石病例中，有很多患病儿童有食用三鹿牌婴幼儿配方奶粉的历史。人们开始怀疑石家庄三鹿集团股份有限公司生产的三鹿牌婴幼儿配方奶粉受到三聚氰胺污染。卫生部专家同时指出，三聚氰胺是一种化工原料，可导致人体泌尿系统产生结石。9 月 12 日，三鹿向公众宣称有不法奶农投毒。9 月 15 日，两名婴幼儿因病致死，截至当时，共有患儿 1 253 名。全国各大超市开始将有问题奶粉下架。三鹿婴幼儿奶粉事件曝光后，全国一片哗然。3 000 多万婴幼儿被家长争先恐后地带到医院检查，其中有 29 万名婴幼儿被检出患有三聚氰胺结石，数万名婴幼儿实施了取石手术。三鹿集团为此支付了 9 亿多元的医疗和赔偿费，也因此起事件，这个总资产为 15 亿元、2007 年销售收入达 100 亿元的全国著名乳制品巨无霸轰然倒下。三聚氰胺，这个原本并不广为人知的原料，给中国食用它的无数婴幼儿造成了严重的灾难。三鹿奶粉使中国许多稚嫩的生命不约而同地罹患了一种与他们年龄不符的肾结石疾病，使许多家庭在遭受精神打击的同时，还得承受沉重的经济压力。而制造这场无妄之灾的三鹿奶粉，竟然是国家免检产品。

启　示

1. 食品永远不能免检

国家的免检，是对企业自身质量把关的一种信任，是一种最高奖励，但绝不是要企业从此放弃对产品的质量检查，然而，三鹿的所作所为，完全辜负了国家的信任。因为三鹿集团的产品都成了免检的了，地方和国家的所有质量监督检查机构在一定的时期内不能再予以检查，这等于给伪劣产品开启了方便之门，让它们有了大肆泛滥的机会。当然，这也给有关部门敲响了质量监督检查的责任警钟。这免检对于那些把质量第一、信誉第一视作自己生命的企业来说，或许是一种鞭策，是一种鼓励，他们可能会更加努力于对企业产品质量的监管和提高，有许多企业的产品质量标准就高于国家标准。但是企业毕竟是人在操控的，而人的思想并不是一成不变的，一旦思想变异，人格就会堕落，什么私心杂念都会出现，就不能保证产品质量的一贯纯真和稳定。今天，三鹿奶粉事件警示我们：对于食品，永远也不能予以免检！

我们必须认识到这一点，对食品的免检，就是对企业产品质量监管的一种放纵，就是对伪劣产品的一种放任，就是对社会的不负责任，就是无视生命的一种表现！我们不能把关乎人们生命的产品质量关交由企业去把握。不怕一万，就怕万一！因为这个万一它所危及的不是一棵草，不是一朵花，它很可能危及成千上万个鲜活的生命。所以，对凡是其产品质量关乎人体健康，关乎人们生命安全的，谁都不应该允许其免检，而都应该予以严检！

2. 产品没有监督就必然出问题

"三鹿"婴幼儿奶粉事件让人震惊，中国食品界又一个值得依赖的民族品牌轰然倒下。

从这次三鹿奶粉事件中，我们可以看到政府在食品卫生监管方面的漏洞，民以食为天，食品是百姓每天不可或缺的东西，它涉及老百姓生命健康，但是在食品卫生上发生的问题在我国不在少数，经常出现这样或那样的食品安全事故，尤其是儿童食品的安全卫生问题危害极大，由于婴幼儿自然抵抗力弱，稍有不慎就可能危及婴幼儿的生命。大头娃娃的事件我们现在还没有忘记，现在又出现食用问题奶粉，造成全国许多地区婴儿患肾结石的恶性事件。问题奶粉是发生多例婴幼儿患病以后才查出来的，我们平时的食品卫生部门是否责任到位，为什么全国没有一家食品卫生监督部门查出问题奶粉，为什么总是事故已经发生，我们政府的监督部门才开始作为。这些问题，我们的政府应该认真研究和吸取教训，是制度的不完善，还是监管部门人员的失职。

3. 应切实增强品牌危机管理意识

三鹿事件也应该给我们的企业家们敲响警钟，创造一个品牌不容易，而毁掉一个品牌非常简单，不重视产品质量和服务质量，企业就永远不会有生命力和竞争力，机会主义者永远做不成真正的企业家，也创立不了百年老店。中国的大多数企业为什么走不出国门，中国的大多数民族品牌为什么在外资企业面前屡战屡败，就是因为我们内功不行、外力不够，产品的质量和服务的质量满足不了市场的要求。

4. 责任意识重于泰山

在这个事件中最应该反思的三鹿集团，作为一个食品加工企业，应该知道自己肩负的责任，三鹿集团能够走到今天的辉煌非常不易，在外资冲击下，三鹿能够在乳业加工领域名列前茅是许多国人的骄傲，但是它太不珍惜自己的荣誉，太缺乏社会责任感和职业道德约束。这个事件说明三鹿集团已经偏离了企业发展的方向，企业做大以后仍然还是企业，尤其是企业的老板不能忘记自己是企业家和企业家的责任，否则企业的最终结果就是衰败。

相关链接

• 2008年3月，南京儿童医院把10例婴幼儿泌尿结石样本送至该市鼓楼医院泌尿外科专家孙西钊处进行检验，三鹿问题奶粉事件浮出水面。

• 7月16日，甘肃省卫生厅接到甘肃兰州大学第二附属医院的电话报告，称该院收治的婴儿患肾结石病例明显增多，经了解均曾食用三鹿牌配方奶粉。

● 7月24日，河北省出入境检验检疫局检验检疫技术中心对三鹿集团所产的16批次婴幼儿系列奶粉进行检测，结果有15个批次检出三聚氰胺。

● 8月13日，三鹿集团决定，库存产品三聚氰胺含量在每公斤10毫克以下的可以销售，10毫克以上的暂时封存；调集三聚氰胺含量为每公斤20毫克左右的产品换回三聚氰胺含量更大的产品，并逐步将含三聚氰胺产品通过调换撤出市场。

● 9月1日，卫生部公布由国务院批准的新"三定"方案，再次强调了食品安全监管和食品卫生许可监管的职责分工。

● 9月9日，媒体首次报道"甘肃14名婴儿因食用三鹿奶粉同患肾结石"。当天下午，国家质检总局派出调查组赶赴三鹿集团。

● 9月11日，除甘肃省外，陕西、宁夏、湖南、湖北、山东、安徽、江西、江苏等地也有类似案例发生。当天，三鹿集团股份有限公司工厂被贴上封条。

● 9月12日，联合调查组确认"受三聚氰胺污染的婴幼儿配方奶粉能够导致婴幼儿泌尿系统结石"。同日，石家庄市政府宣布，三鹿集团生产的婴幼儿"问题奶粉"，是不法分子在原奶收购过程中添加了三聚氰胺所致。

● 9月13日，党中央、国务院启动国家重大食品安全事故I级响应，并成立应急处置领导小组。卫生部发出通知，要求各医疗机构对患儿实行免费医疗。

● 9月16日，三鹿集团党委书记田文华被免职。同时，石家庄市分管农业的副市长张发旺、市畜牧水产局局长孙任虎、市食品药品监督管理局局长张毅和市质量技术监督局局长李志国也被免职。

● 9月17日，田文华被刑事拘留；石家庄市市长冀纯堂被免职。

● 9月18日，国家质检总局发布公告，决定废止《产品免于质量监督检查管理办法》，同时撤销蒙牛等企业"中国名牌产品"称号，并发出通知，要求不再直接办理与企业和产品有关的名牌评选活动。

● 截至9月21日上午8时，全国因食用含三聚氰胺的奶粉导致住院的婴幼儿1万余人，官方确认4例患儿死亡。

● 9月22日，国家质量监督检验检疫总局局长李长江因"毒奶粉"事件引咎辞职。

● 10月8日，卫生部等五部门公布了乳制品及含乳食品当中三聚氰胺临时限量标准。其中1 000克婴幼儿配方乳粉中允许存在1毫克三聚氰胺。

● 10月9日，温家宝总理签署国务院令，公布了《乳品质量安全监督管理条例》。

案例三　中专生为什么会发生性幻想

有一些学生自述：他们有时会身不由己地陷入性幻想之中，有时还伴有手淫，而且越是紧张，越容易产生性幻想。但他们不知道这种事好不好，也不知道如何对待。

分　析

1. 性幻想的实质

性幻想有较充分的生理学基础，通常是正常情况中的必然现象。在一般情况下，性幻想是手淫的前奏，大多数青少年都通过手淫而使性幻想与肉体刺激结合起来，并从中得到性满足。说到底，性幻想是一种性自慰方式，其功效与手淫没有本质区别。

2. 中专生应该怎么对待性幻想

以良好的心态来接受它，就像接受自慰一样。良好的接受是以必要的知识为前提的，比如，中专生应该知道，性幻想的内容多种多样，有时可以是纯色情的，有时则完全没有直接色情成分，但都与某种快感的获得相联系。

3. 什么样的性幻想是对中学生无害的

既然是幻想，虚幻的东西，不付诸行动，就不能说孰好孰坏，只能有个度的把握问题。这个度没有标准，通俗地说，就是不要失控，或者用心理学的话说，就是不能造成当事人的痛苦并影响其社会功能。性幻想的出现一旦完全失控，即在一段日常生活、学习活动中经常出现而无法摆脱，如在走路或与人谈话、读书看报以及埋头工作时突然出现性幻想，并引发性兴奋甚至性高潮则属于性偏离了，我们称之为性幻症。性幻症者一般不分场合、时间，稍有所感就会触发无法抑制的性幻想，并伴有性兴奋甚至可有性高潮，这常使性幻症者整日处于性幻想所造成的不良情绪中，不仅心理上会承受巨大压力，而且往往可能丧失实际生活的适应能力。

4. 如果父母或者老师发现学生在做性的白日梦，应该怎么处理

由于它是一种幻想而非行动，性幻想在不伴有性高潮的情况下，一般是属正常的，没有必要去管它。任何人的干预必须通过当事人的认知而起作用。因此，无论家长还是老师，让当事人掌握必要的知识是必需的，一般在了解了一定的知识后，当事人能够领悟。

当性幻想整日纠缠患者并妨碍其正常工作生活时，一般应鼓励患者树立自信心，促使性幻想的内容升华，并适当使其幻想合理地向实境转化。一般说来，紧凑的日常生活安排，适当的补交活动等，对消除性幻症都有明显好处。

5. 为什么在紧张疲劳时会发生性幻想

紧张是一种能量的积累，能量积累之后需要寻找宣泄方式，一旦在某次通过性幻想得到宣泄，就会以条件反射的方式固定下来，最终在紧张疲劳时会发生性幻想。这一点与紧张时、压力大时，一个人采用自慰方式来宣泄性能量是一样的。

案例四 学生上网成瘾怎么办

刘××，17 岁，中专二年级，一年前开始迷上电脑，整天就想玩游戏，每周都要有 1～2 个晚上泡网吧，有时双休日每天上网五六个小时。因迷恋网吧，他独来独往，变得孤僻少语、很少与老师和同学交流，根本不想上学的事。最近一周又没有上学，整天泡在网吧里。

分析

1. 导致这名学生进入网络不能自拔的原因

孩子的性格因素，"其实，这些在网络上'陷'得很深的孩子与其他同学相比，通常更聪明，性格更孤僻"。大多数"网络成瘾"的青少年性格内向，不善交往，希望得到重视，但又十分孤独。同时，对朋友和家庭冷淡，亲社会行为少，心境抑郁，缺乏现实的成就动机，欲寻求外界（网络）的认可，害怕被拒绝，自我封闭。通过对这些青少年作相应的心理评估后发现，他们的自主需要很高，成就需要和表现欲望较高，而变异需要、内省需要很低，顺从需要极低。在现实生活中常以"退避"、"自责"和"幻想"等不成熟的应付方式应付困难和挫折。

具体原因是：

（1）"学习失败的学生"。由于家长、老师对孩子的期望过于单一，学习的好坏成为孩子成就感的唯一来源，此时，一旦学习失败，孩子们会产生很强的挫败感。但是在网上，他们很容易体验成功：闯过任何一关，都可以得到"回报"，这种成就感是他们在现实生活中很难体验到的。

（2）学习特别好的学生。不少本来学习好的学生在升入更好的学校后，无法再保持原有的位置，这时，他们对"努力学习"的目的产生了怀疑。

（3）家庭关系不和谐的。特别是随着离婚率、犯罪率升高等社会问题的增多，社会上的"问题家庭"也在增多，"一些单亲家庭的孩子通常在家里得不到温暖"。但是在网络上，他们提出的任何一点儿小小的请求都会得到不少人的帮助。现实生活和虚拟社会在人文关怀方面的反差，很容易让"问题家庭"的孩子"躲"进网络。

（4）家长的态度和对网络的知识。因为家长对网络的"一无所知"，使他们放弃了正确引导孩子的机会。

2. 如何治疗网络成瘾

（1）生理脱瘾（即药物干预）。应用戒除网瘾药物，使当事人在睡眠休息过程中恢复机体的平衡系统，通过对内源性"神经递质"功能的调控，以达到大脑内的"奖赏系统"恢复平衡状态，不再沉迷于网络，实现生理脱瘾。

（2）心理脱瘾。需要心理咨询师、家长、网络成瘾青少年共同配合，可以采用时间管理技术，打乱个体惯常的网络使用时间表，让其适应一种新的时间模式，从而逐步削减上网时间。

案例五　用人单位不能随意解除劳动合同

李某经过应聘，被一家房地产公司录用，双方约定前2个月为试用期，等试用期满后再签订正式的劳动合同。双方为此单独签订了一份试用期合同。1 个多月后，公司以李某工作能力不符合公司的要求，属于《劳动法》第二十五条规定的"在试用期被证明不符合录用条件"的情形，解除了劳动合同，终结了双方的劳动关系。李某认为该公司的决定是错误的，不同意解除劳动合同，双方因此发生争议。案件经过劳动仲裁和诉讼，劳动争议仲裁委员会和人民法院都支持了李某的主张，认为该房地产公司与李某签订单独的试用期劳动合同的行为违反了法律的规定，该期间不应视为试用期。在此情况下，该房地产公司解除双方的劳动合同，应该符合劳动法规定的解除劳动合同的事由。而该房地产公司的理由并不符合法定的事由，因此，其所作的解除劳动合同、终结劳动关系的决定是错误的，应当予以撤销。

案例六　旅馆招聘员工

一家旅馆招收一名男职员，有甲、乙、丙三位男性应聘，老板问："假如你无意间推开房门看见女客一丝不挂在淋浴，而她也看见你了，这时你该怎么办？"三位应聘者的回答分别是：

甲：说声"对不起"，就关门退出。

乙：说声"对不起，小姐"，就关门退出。

丙：说声"对不起，先生"，就关门退出。

结果是丙被录用了，原因是丙回答比其他两位巧妙，甲、乙虽然说的是实话，但于事无补。而丙说的是谎言，确实是非同凡响。女客见到一位男服务员看见自己光着身子淋浴，心里自然非常不快，也很害羞。可是对方竟称她为"先生"，她这时就会想：服务员竟连我是女的都没看出来，那大概是没有看清楚吧，这样就大大降低了尴尬的程度。男服务员一方面故作糊涂，而顾客也可能深信对方而不产生怀疑，真可以说是两全其美了。

以上应聘人丙的应对方式，可谓巧妙之极，令人称奇。这个案例对职业交际的艺术作了很好的诠释。所谓职业交际的艺术是指在工作岗位上，要根据实际情况，巧妙地处理人际关系，以期达到圆满和谐的效果。

案例七　总经理当服务员

李红是一家大商场的总经理，有一天她到商场看到一位女顾客站在柜台外面等着买东西，可就是没有人去接待她。而服务员们都聚到柜台远处的一角在谈笑着。李红一声不响，悄悄走到柜台里面，她自己招呼那位女顾客，然后她把成交的货物交给售货员去包装，而她自己就走开了。等顾客走后，大家议论，刚才帮我们接待顾客的人是谁呀？另一柜台的有一个人说，那是我们商场的总经理，你们几个有麻烦了！可过了很多天，也没见主管来说什么，更不用说总经理了。自那以后，这个柜台再也没有出现过员工聚集到一块闲聊的现象。

以上的案例中，如果总经理直接训斥服务员不该在一边闲聊，那么必然导致服务员的尴尬和抵触。身为总经理的李红，她的高明之处就在于通过旁敲侧击，不露声色地婉转告诫服务员应该坚守工作岗位。这样，作为员工既能认识并改正自己的错误，又能对领导产生感激和敬佩。这就是职业交际艺术的最好诠释。

案例八　不愿意将想法埋在肚子里的杰克

一次英特尔评选优秀员工，杰克榜上有名，让其他同事大吃一惊。因为杰克刚刚来公司不到半年时间，而且与他同来的人大都比他学历高，在同事的眼中，杰克并不是最优秀的。

难道是老板有偏袒之心？不是的。

这一切都源于杰克善于主动与上司沟通。杰克刚来公司时，无论有什么样的想法都会向上司提出，而其他同事却喜欢将想法埋在自己的肚子里。

上次杰克的部门有一个策划项目的任务，大家都各自行动，按照自己的想法寻找材料、进行设计方案的制作和策划书的撰写。而杰克却以一名新员工的身份主动向上司请教，向上司讨教经验和方法。上司看到有这样主动学习、虚心请教的员工很是高兴，便对杰克进行了耐心的指导。最后，可想而知，杰克的方案得到了最终的认可。

不但如此，杰克在工作中有什么心得、有什么好的建议也都毫不保留，他的建议有许多都得到了公司的采纳，并对工作效率的提高起到了很好的作用。

由此看来，杰克受到表彰就绝不是偶然的了。

在许多公司，特别是在一些业务发展迅速或者有很多分支机构的公司里，老板必定要物色一些管理人员前去工作，此时，他选择的当然是那些有潜在能力，且懂得主动与自己沟通的人，而绝不是那种只知一味苦干，不主动与自己沟通的员工。

因为两者比较之下，肯主动与老板沟通的员工，总能更快更好地领会老板的意图，把工作做得近乎完美，所以总能深得老板欢心。

想主动与老板沟通的人，应懂得主动争取每一个沟通机会。事实证明，很多与老板匆匆一遇的场合，都决定着你的未来。

比如，电梯间、走廊上、吃工作餐时，遇见你的老板，走过去向他问声好，或者和他谈几句工作上的事。千万不要像其他同事那样，极力避免让老板看见，仅仅与老板擦肩而过。能不失时机地表现你与老板兴趣相投，是再好不过了。老板怎会不欣赏那些与他兴趣相投的人呢？或许短短的几句话，你大方、自信的形象，就会在老板心中停留很长一段时间，这些都会成为你今后事业发展的机缘。

案例九　尽量主动多做一些

弗郎士是家超市新进才招聘来的最基层员工，他只是一个不起眼的包装工，看不出他有什么远景。如果要裁员的话，他大概就是第一个被考虑的对象了。但是，意料不到的是，弗郎士很快成了老板眼中有价值的员工。

首先，他告诉载货部门的负责人："我没事的时候可以来这里帮忙，多了解一下你们部门工作的情形。"然后，他就花些时间在那里帮忙做些分外工作。之后，他跟畜产品部门经理说："我希望有空来这里向你们学习，了解你们包肉和保存的过程。"一阵子之后，他又分别到烘焙、安全、管理甚至信用部门帮忙。

三个月后，弗郎士几乎在公司所有部门都游走过了，某部门一旦有人要请假，都自然而然地想到请弗郎士去顶替。

几个月后，恰逢经济不景气，老板只好请一些人离职。有些人认为弗郎士这类人肯定要被裁掉，可是弗郎士却被老板留下来。一年以后，超市生意好转，有个经理的职位空缺，老板又毫不犹豫地想到了弗郎士。

作为一名员工，我们不应该抱有"我必须为公司做什么"的想法，而应该多想想"我能为公司做些什么"。额外的工作和难题就是我们能力最好的试金石，是我们展现自己个人价值的更高阶层的舞台。

有些人只知做自己分内的工作，并将工作分内分外的界线划得很清楚，或多做一点就要报酬。殊不知这对自己工作能力的提高是一个很大的障碍，久而久之上司就会对你失去好感。

案例十　虚心学习，搞好同事关系

王芳是外语学院毕业的高材生，应聘做矿业公司的总裁秘书。矿业公司办公室共五个秘书，其余四个都是大专毕业，而且都年过 30 岁，因此，不到两个月，她就产生了一种无形的优越感。一天老总开完会后对王芳说，他与其他三位部门经理今晚去深圳出差，让她订四张机票。"是特等舱吗?"王芳问。"是的。"老总回答。王芳赶紧下楼在商务处订了四张特等舱票。当她把机票都拿出来时，老总问她："谁让你订四张特等舱票?"王芳这时才明白只有老总才有资格坐特等舱。于是，她又匆匆忙忙下楼把那三张换成普通舱。当她把那三等票给那三位经理时，有人问她："你准备把老总一个人孤零零地扔在特等舱里?"王芳脸红了，准备找办公室主任，问到底安排谁陪老总坐特等舱。回到办公室，主任不在，她只看到其他几个人都在幸灾乐祸，似乎都在嘲笑她这个外语学院的高材生连张飞机票都不会买。

分析：王芳作为秘书新人，她一开始的工作主要是值班、接电话、传话……由于这些工作非常繁杂，几乎找不到什么正经的时间来学习。她要想尽快熟悉工作，只有虚心向老同事学习，处处留心，不放过任何请教的机会。如果王芳积极主动，不懂的地方虚心向每位老同事请教，搞好与其他同事的关系，也许在她购买机票时，同事就会主动告诉她怎么购买，也不至于自己买错机票，甚至被同事取笑，幸灾乐祸。

案例十一 与老员工和谐相处

吴丽刚进入这家公司工作不久，发现公司管后勤的王小姐跟她年纪相仿，只大上几岁，却牙尖嘴利，很难相处。王小姐负责派车，每当各部门人员要外出工作，就得向她赔着笑脸。一开始，吴丽很看不惯王小姐的行为，心想：这就是她的本职工作，为什么一副趾高气扬的样子？但是，目睹了一些和她同样想法的年轻气盛同事在王小姐面前纷纷"落马"，吴丽认识道：改变环境是不可能的，你只能去主动适应环境。于是，吴丽向王小姐订车后，并不像其他人那样，立刻放下电话，而是在电话里和她闲聊几句；工作之余，到办公室找王小姐闲话家常，感叹后勤工作的辛苦，说起服装、逛街等，两人更是"心有戚戚焉"……慢慢地，吴丽和王小姐熟了，也聊起各自的工作，倾吐各自的苦水。她们成了好朋友，吴丽再也没有为订车这些琐碎的事情烦恼过。王小姐比她在公司待的时间长，她经常就吴丽遇到的一些问题发表看法，讨论对方的处理方式是否妥当，让初来乍到的吴丽受益匪浅。吴丽想：来到陌生的城市，能交到一个好朋友，得到一份友谊，也算是幸运的了。当初自己对王小姐这样的老员工采取的"怀柔"政策，现在看来是对的！

分 析

任何人到一个单位都是从新员工到老员工，都有一个过程，吴丽作为一个公司的新员工，善于在工作中独立地观察、分析、思考，注意与老员工和谐相处。她对王小姐的宽容，不但使她得到了新的朋友，很快适应了工作环境，而且使自己的工作得以顺利完成。因此，我们每一个到新单位上班的人，都应该向吴丽学习，学会宽容，注意与老员工和谐相处。

案例十二　喜欢争论的盛田昭夫

在日本，大多数企业在谈到合作或意见一致时，通常意味着消灭个性。索尼公司则欢迎员工把意见公开讲出来，因为提反对意见往往是出于对公司的责任心，而且不同意见可以使人从更多的侧面考察问题，它可以引导出水平更高的好主意。

当盛田昭夫在任索尼公司副总裁时，曾和同事田岛道治发生过一次冲突。昭夫的一些意见激怒了田岛，最后再也忍不住了，他说："盛田君，你我意见不同，我不愿待在你这样的公司里。"昭夫的回答非常大胆："阁下，如果在一切问题上你我意见都完全一致，那就没有必要让我们两个人都在这个公司拿薪水了。假使那样，不是你就是我应当辞职。请考虑我的意见，不要对我发火。如果因为我有不同意见，你就打算辞职，那说明你对我们的公司不够忠诚。"

田岛听到昭夫这番话大吃一惊，顿时觉悟，如果自己的伙伴或同事与自己总是一个意见，喜欢一样的东西、说一样的话、看一样的书、有一样的想法，那么何必要另一个存在呢？最后，田岛决定继续在公司待下去。

分 析

针对一个问题出现不同意见，是好事。这说明不只你一个人在关注这件事、思考这件事，大家讨论的过程实际上就是一个意见沟通、借鉴、融合的过程。

不要因为不同意见而懊恼，对方持有不同意见，是因为他已经仔细思考了你的观点，然后以他的经验和视角提出了自己的观点。我们常说：当你有一个苹果，别人有一个苹果，两个人相互交换时，每个得到的仍是一个苹果；而如果你有一种思想，别人有另外一种思想，两种思想相互融合，两个人便拥有了两种或更多种思想。观点碰撞时便是智慧迸发时，也许谁也难以说服对方，但这并不是问题的关键所在，我们只要秉持这样一条原则即可：所有声音的发出都同样是为了公司的发展。这样的话，再大的矛盾与意见的冲突都会在企业的健康发展中化为无形。